A Arte de Respirar

Nancy Zi

A Arte de Respirar

Seis lições simples para aprimorar
o desempenho, a saúde e o bem-estar

Tradução
SANDRA LUZIA COUTO

EDITORA PENSAMENTO
São Paulo

Título do original: *The Art of Breathing.*

Ilustrações de Eric Maché.
Organizado por Gail Larrick.

O primeiro número à esquerda indica a edição, ou reedição, desta obra. A primeira dezena à direita indica o ano em que esta edição, ou reedição, foi publicada.

Edição	Ano
1-2-3-4-5-6-7-8-9	01-02-03-04-05-06

Direitos de tradução para o Brasil
adquiridos com exclusividade pela
EDITORA PENSAMENTO-CULTRIX LTDA.
Rua Dr. Mário Vicente, 368 — 04270-000 — São Paulo, SP
Fone: 272-1399 — Fax: 272-4770
E-mail: pensamento@cultrix.com.br
http://www.pensamento-cultrix.com.br
que se reserva a propriedade literária desta tradução.

Impresso em nossas oficinas gráficas.

Este livro é dedicado
à minha mãe,
sra. Lucy Ma Zi,
e ao meu pai, recentemente falecido,
reverendo dr. Benjamin Dung Hwe Zi

Advertência

Como qualquer outro, este programa de exercícios pode causar lesões. Por favor, consulte seu médico antes de iniciar este ou qualquer outro método. Os exercícios, instruções e conselhos aqui apresentados de modo algum substituem o aconselhamento médico.

Agradecimentos

Desejo expressar minha profunda gratidão ao sr. Wang Chi Chien por desenhar os caracteres caligráficos chineses que tão graciosamente ilustram o início de cada seção deste livro.

Meus calorosos agradecimentos:

Ao sr. Ernie Pereira, editor-geral aposentado do jornal *Hong Kong Standard*, que me ofereceu as primeiras palavras de estímulo e orientação para o início deste livro.

Ao prof. John Hsu e sua esposa da Cornell University, cujas sábias sugestões e cuidadoso escrutínio conduziram este livro a um rumo muito mais sábio.

A Sue Yung Li Ikeda, pela inestimável assessoria artística e por todos os seus conselhos.

A Erich Maché, por suas engenhosas ilustrações, e a Melanie Maché, por ser uma modelo tão paciente.

A Charles Hammond e Margaret M. Meier, pela preparação do manuscrito original.

A minha filha, Violette Li Huang, por seu incansável esforço e talentoso apoio, que facilitaram cada aspecto deste projeto.

A meu filho, Vincent Li, por seu estímulo silencioso — por acreditar que a mamãe tem ainda muito a dar antes de se aposentar.

A Gail Larrick, por sua inestimável orientação e por ser a maravilhosa editora que incentivou este projeto desde o início.

A Flo Selfman, por seu talento e criatividade como relações-públicas. Sem sua participação afetuosa e cheia de zelo este livro talvez não chegasse ao conhecimento dos leitores.

A Gloria Balcom, por seus múltiplos talentos e sua fantástica administração do projeto. Ela é a luz preciosa que nos serve de guia.

Não posso agradecer suficientemente a Alan Freeland e a Kenneth Burke. Sem eles, o livro jamais teria se materializado.

Não é preciso dizer que, acima de tudo, sou profundamente grata ao meu marido, S. Paul Li. Sua total compreensão e seu apoio à minha missão de disseminar os benefícios da arte de respirar tornaram possível a minha dedicação a este projeto. *Muito obrigada*!

Sumário

LIÇÃO 4

EXERCÍCIOS

LIÇÃO 5

EXERCÍCIOS

LIÇÃO 6

EXERCÍCIOS

TERCEIRA PARTE

FORMAS DE APLICAÇÃO

QUARTA PARTE

EXERCÍCIOS DE IMAGINAÇÃO ATIVA

EXERCÍCIOS ESPECÍFICOS

INTRODUÇÃO

As descobertas de uma cantora

Respiração é vida. Quando controlamos a respiração, controlamos também todos os nossos movimentos, dos mais simples aos mais complexos, conferindo-lhes graça e desenvoltura. Na verdade, a nossa eficácia em cada atividade — cantar, caminhar, fazer ginástica, trabalhar, dançar, falar em público — depende em grande parte do modo como usamos o ar que respiramos.

A minha carreira gira em torno da voz. Por mais de três décadas, dediquei muito do meu tempo ao canto e ao ensino de técnica vocal. Minha agenda de apresentações é extensa, e a de aulas de canto, lotada. Tenho de garantir que a voz esteja sempre em boas condições para cantar e falar sem forçar as cordas vocais. Para manter a qualidade de voz que desejo, o instrumento mais importante é o controle da respiração.

Nos tempos de faculdade, na Millikin University, em Illinois, cantei em muitos recitais e participei de inúmeras óperas. A respiração profunda automática me acompanhava sempre que eu pisava num palco para cantar. Quando estava no primeiro ano, fiquei entre as finalistas do concurso para rainha das festividades em homenagem aos ex-alunos da universidade. Jamais esquecerei o desfile de candidatas, cada uma de nós rodopiando pelo palco central diante dos jurados. De repente, foi como se eu tivesse me transformado numa estátua de sal! Onde tinham ido parar meu equilíbrio e minha presença de palco? Anos depois, a resposta me surgiu com clareza. Minha técnica de respiração falhara e, sem o seu apoio, perdi a empatia e a capacidade de projetar minha personalidade.

Nos anos que se seguiram, comecei a aplicar a lição que aprendera com essa experiência: a solução para a maioria dos problemas está na respiração profunda intencional.

A respiração profunda intencional ajuda o corpo a transformar em energia o ar que inspiramos. A respiração profunda adequadamente executada e controlada produz um fluxo de ar energizado que se irradia pelo corpo inteiro e pode ser canalizado para as áreas de maior demanda, fornecendo combustível para esforços físicos específicos — como jogar tênis ou correr. Também podemos usar essa energia para aliviar tensões musculares, dores localizadas e o cansaço mental.

Meus anos de experiência em treinar e proteger a voz humana me convenceram de que a prática da arte de respirar é benéfica para a saúde, sejam quais forem as atividades e a profissão da pessoa. Neste livro, partilharei com você algumas das descobertas que fiz como cantora e professora de canto. Essas experiências me conscientizaram do amplo leque de aplicações de uma respiração disciplinada e eficaz.

À medida que se desenvolvia a minha compreensão dos benefícios da respiração controlada, comecei a formular os princípios do que chamo de *chi yi*. *Chi* significa respiração, ar, atmosfera. *Yi* significa arte. Daí o nome *chi yi* — arte de respirar.

O método de respiração que elaborei, o *chi yi* (pronuncia-se *tchi ii*), se alicerça em parte nos princípios fundamentais do *chi kung* (pronuncia-se *tchi gung*), antiga arte chinesa de controle da respiração. Durante séculos, os chineses praticaram *chi kung* como disciplina básica, aplicando-o a muitas das artes marciais, às práticas terapêuticas e à meditação. Aliando a minha formação ocidental como cantora às minhas pesquisas e prática da antiga arte do *chi kung* e das disciplinas correlatas, eu comparei, extraí e compilei técnicas do Ocidente e do Oriente para criar uma estratégia direta e concisa para ensinar a arte de respirar — o *chi yi*. A corrente de energia interior gerada por esse método de respiração profunda é comparável ao princípio de "vigor interno" do *chi kung*.

A prática de *chi kung* não se limita ao processo de respiração e energização, mas abrange também a antiga compreensão chinesa da respiração disciplinada como meio para alcançar o controle total sobre o corpo e a mente. Além disso, proporciona equilíbrio fisiológico e psicológico e harmoniza o *yin* e o *yang* — expressão simbólica de polaridades universais como masculino e feminino, luz e sombra, criativo e receptivo. De acordo com o *chi yi*, a energia se manifesta quando pressionamos os músculos para dentro e para fora simultaneamente, criando forças opostas. Ao equilibrarmos essas forças adequadamente, deixamos a energia emergir.

Posteriormente, os antigos praticantes de *chi kung* associaram a energia interior gerada pela respiração disciplinada à qualidade e ao vigor do sangue e inferiram meios para controlar e regular a respiração, considerando-a uma função voluntária, a despeito de seu aparente automatismo. Descobriram que, com o controle deliberado do processo de respiração, era possível alterar conscientemente outras funções do corpo — batimentos cardíacos, fluxo sangüíneo e muitas outras funções físicas e emocionais. A mente, disseram eles, é capaz de controlar e manipular o fluxo de energia que se cria por meio da respiração apropriada. Portanto, a mente, aliada à respiração, pode ser responsável pela saúde física e mental, pela pressão arterial e pelo sistema imunológico do indivíduo. Os especialistas em *chi kung* conseguem canalizar a energia interior para qualquer ponto do corpo. Em outras palavras, o praticante experiente pode "imaginar" essa energia interior em qualquer lugar do corpo onde ela seja necessária.

Ao longo do tempo, o aspecto filosófico do *chi kung* foi analisado em muitos livros, mas o aspecto técnico foi guardado a sete chaves como um segredo. Sem documentação, as palavras de gerações de mestres e discípulos variaram muito em termos de interpretação e prática. Desse modo, enquanto o *chi kung* se tornava a base para o aprendizado do controle do corpo, da mente e do espírito, diferentes escolas evoluíam com o mesmo fundamento, mas com objetivos diversos. O *tai chi chuan* e outras artes marciais e as várias formas de meditação têm ligação com o *chi kung*.

Os séculos se passaram, e, com o desenvolvimento da indústria bélica, as artes marciais perderam seus atrativos. As fontes externas de força e poder superaram completamente a energia interior que os homens e as mulheres haviam aprendido a gerar no próprio corpo por meio da autodisciplina. O talento específico para a energização do corpo por intermédio da respiração controlada foi negligenciado e quase esquecido. A modernização ocidental parecia ter eclipsado muitas das práticas sutis do Oriente. Hoje, porém, uma nova era de conscientização em relação ao corpo está estimulando o reexame da cultura oriental, alicerçada na importância do eu interior.

Quando se trata de respiração eficaz, é claro que não há Ocidente nem Oriente. É verdade que a ênfase conferida à respiração muda conforme a cultura, bem como o nome das inúmeras técnicas que cada uma elabora. O objetivo final, contudo, é o mesmo: extrair o máximo de eficiência do ar que se inspira.

Minha intenção em *A Arte de Respirar* não é ressuscitar ou propagar o *chi kung*, mas usá-lo para ilustrar e ressaltar a existência de um poder que é nosso, se decidirmos assumi-lo. Com o cultivo desse poder por meio da prática do *chi yi*, podemos alcançar a excelência nos nossos esforços e nos tornar pessoas bem-sucedidas e dinâmicas. Os exercícios, as aplicações dos princípios do *chi yi* e a prática da imaginação ativa descritos neste livro o ensinarão a desenvolver uma respiração profunda, sólida e eficaz para sustentar qualquer uma das suas atividades.

Para ajudá-lo ainda mais a aplicar o infinito poder do *chi yi* no seu cotidiano, acrescentei nesta edição a Quarta Parte, em que respondo a perguntas formuladas por estudantes, participantes de seminários e leitores. Sou muito grata a eles pela idéia de criar a sessão "Perguntas e respostas" — um maravilhoso fórum sobre o assunto. As minhas respostas, algumas reforçadas por exercícios, propõem maneiras novas e personalizadas de aplicar o *chi yi* a um grande conjunto de necessidades e atividades. No Sumário você encontrará as cinqüenta perguntas, seguidas de uma breve descrição para auxiliá-lo a localizar os tópicos que o interessam especificamente.

No novo Epílogo, tomei a liberdade de partilhar um pouco da minha evolução pessoal ao longo de mais de seis décadas de inspiração — em busca de ar, de *chi* e de iluminação. Sabemos que a vida começa com a primeira respiração e se encerra com a última. Mas é o modo *como* respiramos durante esse tempo que causa o impacto maior sobre a qualidade da nossa vida. É disso que trataremos em *A Arte de Respirar*.

Primeira Parte

A promessa do chi yi

Chi yi: uma arte para os dias de hoje

O recém-nascido experimenta a primeira inspiração, e com a última expiração a vida se encerra. Mas a respiração é mais do que apenas um instinto que se mantém ativo do nascimento até a morte. Quando adequadamente executada, ajuda-nos a desenvolver todo o nosso potencial, permitindo-nos adquirir um senso maior de força e equilíbrio e aguçar tanto a coordenação mental quanto a física. Essa é a promessa do *chi yi.*

As exigências da sociedade atual, das condições ambientais e de trabalho são complicadas e freqüentemente estressantes. Somos compelidos a mudar rapidamente as nossas necessidades físicas e mentais de energia para fazer frente a todas as formas de tensão a que estamos sujeitos. Hoje temos a disposição inúmeras técnicas de relaxamento, como meditação transcendental, hipnose, exercícios físicos, *biofeedback* e várias outras. Contudo, qualquer que seja o método adotado, uma forma ou outra de respirar sempre entra em cena.

A ciência contemporânea tem feito maravilhas para elevar a níveis cada vez mais altos o padrão de qualidade da existência humana, esperando que as novas invenções e descobertas da medicina nos garantam bem-estar físico e mental. Os sistemas avançados de educação aguçam a mente, enquanto as vitaminas e suplementos alimentares asseguram a boa nutrição do corpo. Grandes esforços são dedicados ao desenvolvimento de incontáveis modalidades de exercícios que prometem aprimorar o desempenho físico. Todos esses caminhos para a produção e a manutenção de um alto nível de energia são criados com o intuito de formar pessoas mais saudáveis e atraentes.

Ironicamente, ao buscarmos fontes de energia para sustentar esse estilo de vida moderno, deixamos de lado a maior fonte disponível para todos: a corrente de energia vital que podemos gerar dentro do nosso corpo se usamos o ar que respiramos como combustível. Os chineses chamam essa energia de *chi.*

O *chi yi* é um método de respiração profunda pelo qual podemos estimular e controlar a corrente de energia interior. Ao inspirar, energizar e expirar o ar adequadamente, melhoramos a nossa saúde e imprimimos vitalidade a todas as nossas expressões e movimentos.

Todos já descobrimos na prática a relação direta entre a respiração e o estado emocional e físico. Falamos em suspirar de alívio, palpitar de medo, parar de respirar de ansiedade ou perder o fôlego de entusiasmo. Rir, suspirar, bocejar, bradar, arquejar, gritar — a natureza nos dotou de todas essas reações para que possamos satisfazer as necessidades emocionais de cada momento. Em termos físicos, essas reações nos fornecem um suprimento adicional de oxigênio para atender a um provável aumento da demanda.

Essas explosões estimulam a respiração profunda — aquela em que o ar chega até o "núcleo" — com a finalidade de abrir escoadouros para o fluxo emocional. Na próxima seção, examinaremos o núcleo do nosso corpo — o que ele é, onde se localiza e que papel desempenha na respiração adequada.

O núcleo

Ao aprender a aplicar os princípios do *chi yi*, você desenvolverá o seu núcleo e conduzirá a respiração até o ponto onde ele está localizado. O *stress*, as preocupações, a raiva e outras causas de tensão seguirão o fluxo da sua inspiração até esse centro, onde serão eliminadas as emoções negativas — dor, medo, ansiedade, raiva, tristeza e até depressão — deixando-o apto a superar os desafios que você enfrenta.

Entender que existe um âmago central no interior de todo ser humano significa abrir os olhos para toda uma nova dimensão do ser. O núcleo sempre esteve dentro de você. Quando é estimulado, sua eficácia aumenta. Suas dimensões não se ampliam, mas sua intensidade sim.

O núcleo se localiza no centro do corpo medido da cabeça aos pés, ou seja, de cinco a doze centímetros abaixo do umbigo (ver Figura 1). O corpo inteiro é coordenado por esse centro de equilíbrio físico, mental e emocional.

O núcleo se desenvolve por meio da atenção e do estímulo. Quanto mais usar o núcleo na respiração, mais energia você estocará e disponibilizará. Desse modo, seu núcleo se fortalecerá e, conseqüentemente, poderá proporcionar-lhe maior controle e equilíbrio em termos físicos, mentais e emocionais.

Durante uma crise emocional ou nos momentos de angústia ou dor física, é comum nos aconselharem: "Respire fundo e agüente firme". Uma sugestão realmente sábia, se soubéssemos como "respirar fundo" da maneira adequada. Estufar o peito e tentar colocar mais ar nos pulmões não resolve; o verdadeiro objetivo é canalizar o ar para o fundo, onde está o núcleo.

É impossível explicar cientificamente o processo de inspirar até o núcleo. Assim como a energia, o núcleo da pessoa é uma noção abstrata. Por meio de treinamento e exercícios de imaginação ativa, podemos desenvolvê-lo, cultivá-lo, controlá-lo e sentir o poder de sua presença, mas não podemos vê-lo com os olhos.

Exercícios de imaginação ativa

Os desafios para a imaginação que apresento a seguir iniciam a série de "exercícios de imaginação ativa", que por meio de imagens mentais o ajudarão a vivenciar sensações físicas específicas. Essas imagens mentais são descrições metafóricas de movimentos que não apreenderíamos de outro modo — e, indiretamente, de seus respectivos processos musculares —, servindo, assim, para elucidar os movimentos internos e os ajustes sutis do corpo. Essa breve introdução à percepção da energia interior apenas sugere a fonte de energia que você aprenderá a usar nos exercícios e aplicações propostos.

Aqueles que não estão habituados a controlar o sistema respiratório talvez sintam alguma dificuldade na execução dos exercícios de imaginação. O mesmo não deve ocorrer com atletas, cantores e músicos que tocam instrumentos de sopro, que já controlam conscientemente a respiração. Algumas pessoas precisarão praticar bastante os exercícios da Segunda Parte antes de adquirir aptidão para completá-los corretamente e com pouco esforço.

Pratique os exercícios à medida que forem sendo apresentados, para se familiarizar com as sensações que cada um estimula. Faça uma revisão de acordo com a sua necessidade, para restabelecer a percepção de uma sensação em particular.

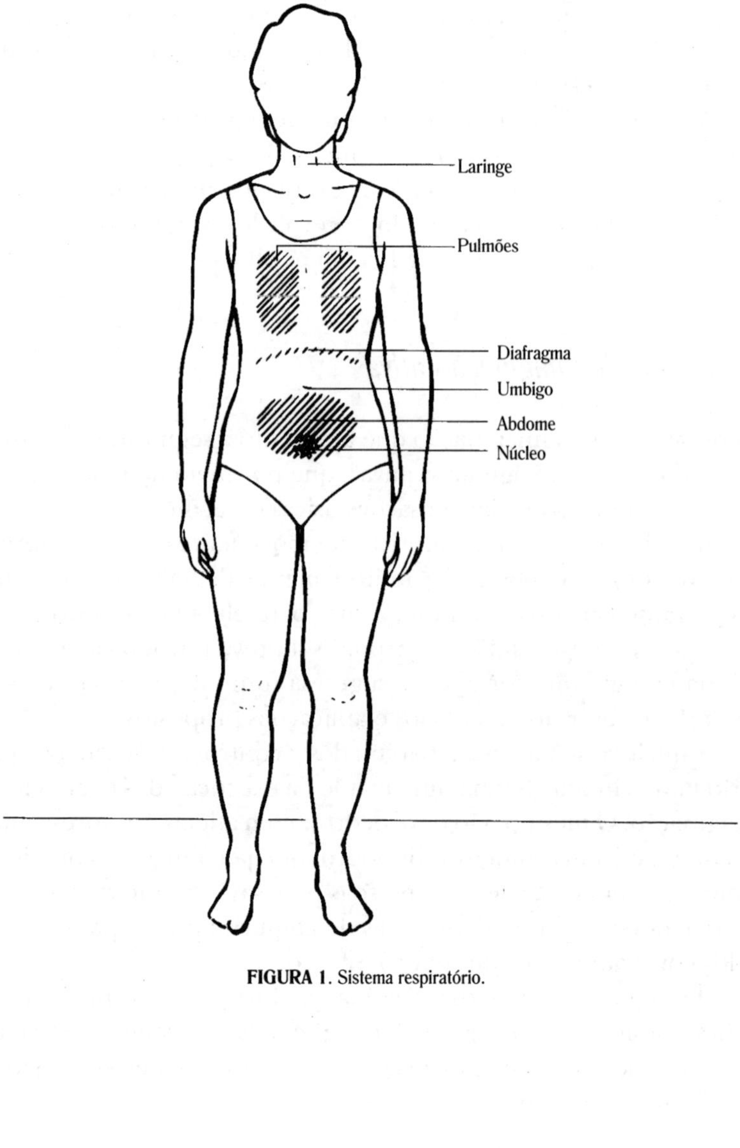

FIGURA 1. Sistema respiratório.

O exercício de imaginação ativa "Conta-gotas" apresenta a respiração abdominal, fazendo-o dar um passo importante para aprender a inspirar intencionalmente até o núcleo.

EXERCÍCIO DE IMAGINAÇÃO ATIVA

Conta-gotas

Fique em pé, mas relaxado, tomando cuidado para não inclinar nem abaixar a cabeça. Imagine que você é um conta-gotas de cabeça para baixo (veja Figura 2). Aperte o bulbo de borracha para expelir o ar. Solte-o, e o ar entrará no tubo de vidro.

Imagine que a abertura do tubo está localizada na junção da parte posterior do nariz com a garganta. Deixe o ar entrar e sair por essa abertura e fluir ao longo do tubo, em vez de apenas pela boca ou pelo nariz.

Essa imagem o ajudará a fazer a respiração abdominal com muita naturalidade.

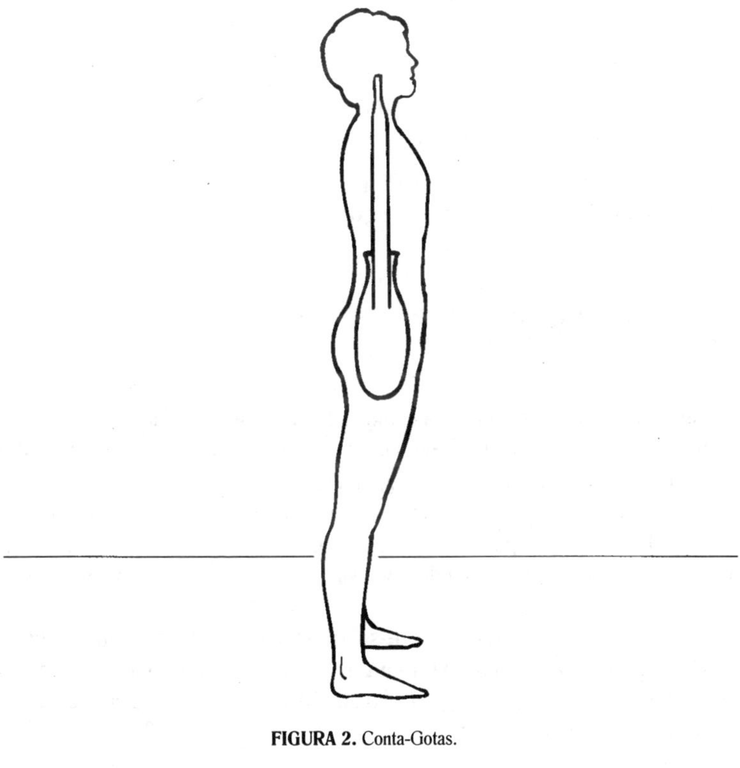

FIGURA 2. Conta-Gotas.

Quando falo em respiração abdominal, não quero dizer que o ar penetra até o abdome, mas sim que os músculos do abdome, dos flancos e da região lombar se expandem, deixando a região abdominal com a aparência de inflada, para permitir que o diafragma desça.

Quando o diafragma, que é o principal músculo envolvido na respiração (veja Figura 1), desloca-se para baixo, o ar é levado até os pulmões. Na inspiração, para alcançar os pulmões o ar entra pelo nariz ou pela boca e atravessa a traquéia, que se divide em dois brônquios principais, cada um se dirigindo a um dos pulmões. O oxigênio do ar inspirado passa dos pulmões para o sangue e desse para os tecidos. O dióxido de carbono que se forma nesse processo volta para os pulmões por meio do sangue e é expirado.

A inspiração normal do ar não provê oxigênio suficiente para produzir o volume fenomenal, a longa extensão e as variadas dinâmicas que se exigem dos cantores, nem a força e a coordenação necessárias para a execução de um *grand jeté* do balé clássico. A energia que se desenvolve no corpo dos cantores e bailarinos é comparável à energia interior produzida no *chi kung* para alcançar o bem-estar físico e mental. A diferença é que, enquanto a primeira flui de dentro para fora, a segunda circula apenas internamente.

Para entender melhor a respiração abdominal, crie a imagem mental descrita no exercício a seguir.

EXERCÍCIO DE IMAGINAÇÃO ATIVA

Sanfona

Crie a imagem mental do diafragma como se fosse um teto apoiado sobre as paredes abdominais (veja Figura 3). Imagine que essas paredes e o teto são feitos de borracha e, portanto, podem contrair-se e expandir-se.

Adotando uma outra perspectiva, você pode imaginar o diafragma como o piso sobre o qual repousam os pulmões. Imagine que os pulmões são uma sanfona na posição vertical. Quando o diafragma desce, a sanfona se estica, criando um vácuo que é preenchido pelo ar.

Podemos resumir todo o processo de respiração da seguinte forma: você expande o abdome, arqueando para fora as paredes do andar inferior, e com isso rebaixa o teto — o que significa que o piso do andar superior desce, criando um espaço maior para o ar fluir.

Essa imagem o ajudará a perceber como se dá a interação do abdome, pulmões, inspiração e expiração. No exercício a seguir, o ar preenche com facilidade o pulmão todo, provocando a ilusão de chegar até o abdome. Apesar de sua aparente simplicidade, o procedimento exige coordenação semelhante à de um malabarista e controle por parte de um ponto central — o núcleo.

Depois que se familiarizar com a existência e a localização do núcleo, você poderá estimulá-lo com regularidade e freqüência por meio da respiração profunda adequada. A energização do núcleo lhe proporcionará um desempenho físico e mental melhor — não só porque você estará suficientemente energizado, mas também porque será capaz de eliminar tensões musculares indesejáveis. O núcleo funciona como o eixo de uma roda cujos aros chegam até as extremidades — ou seja, distribui uma energia vibrante para o corpo inteiro. O *stress* e a tensão podem ser transportados pelos aros até o núcleo, onde são convertidos em energia utilizável.

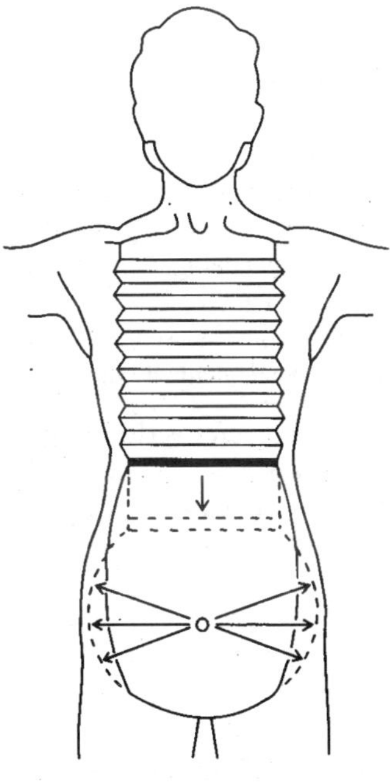

FIGURA 3. Sanfona.

Agora pratique os exercícios de imaginação ativa propostos a seguir, que o ajudarão a entrar em contato com o núcleo de energia.

EXERCÍCIO DE IMAGINAÇÃO ATIVA

Funil e balão

Imagine que o ponto de junção da parte posterior do seu nariz com a garganta é o topo de um funil. Quando começar a inspirar, imagine o ar como a água que entra pelo funil e desce por um tubo comprido até o seu destino.

Imagine um balão acoplado à extremidade desse tubo. Inspire com tranqüilidade e firmeza, visualizando a água que desce pelo funil e enche lentamente o balão. Tome cuidado para não exagerar e estourar o balão. Pare quando sentir que já o encheu o suficiente. Segure o ar dentro do balão por alguns segundos, desfrutando a agradável sensação de completude. Agora, prepare-se para a expiração.

Expire devagar, imaginando que o balão se esvazia pouco a pouco. Cuide para que o balão continue firme no lugar até o final da expiração. Depois de repetir várias vezes o processo inspiração/expiração, você sentirá que a região inferior do abdome começa a se aquecer. Talvez até tenha a sensação de latejo ou formigamento em outras partes do corpo, como a área entre a bochecha e a gengiva do maxilar superior, a base do pescoço, o tórax e até mesmo a rótula ou a ponta dos dedos.

EXERCÍCIO DE IMAGINAÇÃO ATIVA

Seixo

Para estimular a sensação de energia interior na região inferior do abdome, imagine que no centro dessa área existe um seixo com pouco mais de um centímetro de diâmetro. Imagine-o girando, a princípio devagar e depois com firmeza, numa velocidade aproximada de uma volta por segundo.

Quando se sentir à vontade com essa sensação, você pode aumentar o número de seixos, cada um girando independentemente dos outros.

Com a prática desses exercícios de imaginação ativa, você ficará apto a estimular mentalmente a sensação de energia interior. Essa estimulação mental é vital para obter o máximo de benefício do seu estudo de *chi yi.*

Os benefícios do chi yi

Respirar é um reflexo natural. Então, por que todo esse rebuliço? Respirar normalmente, dizem alguns, é mais do que suficiente. Se seguirmos essa linha de raciocínio, também poderemos indagar: "Se ficamos de pé normalmente, para que dançar na ponta dos pés? Para que desenvolver qualquer técnica especial se fomos projetados apenas para fazer as coisas fáceis e naturais?" Os seres humanos desenvolveram milhares de habilidades e talentos. Nós nos aperfeiçoamos para sermos mais funcionais, saudáveis e eficazes.

Dentre inúmeros benefícios, a técnica do *chi yi* proporciona a seus praticantes a capacidade de:

- Gerar energia interior.
- Canalizar seletivamente essa energia interior.
- Reagir com sabedoria a necessidades físicas e mentais.

O núcleo tem um potencial ilimitado, e seu poder, que o *chi yi* desenvolve, influencia cada aspecto da vida diária — saúde física e mental, nível de energia, personalidade, voz, coordenação, comportamento e muitas atividades e respectivas características. Com o *chi yi*, o retraimento e a timidez podem diminuir progressivamente, permitindo que a sua personalidade aflore. Os seus movimentos físicos e mentais encontrarão um centro comum de gravidade, e a combinação resultante produzirá equilíbrio, graça e desenvoltura.

Na Terceira Parte e na Quarta Parte deste livro, você aprenderá que o *chi yi* tem aplicações práticas no relaxamento, na revitalização, na manutenção da saúde, na redução ou eliminação do *stress*, da tensão ou da dor em qualquer parte do corpo, no combate à insônia, no condicionamento físico e muito mais. Por ora, a próxima seção lhe adiantará alguns dos benefícios que você pode esperar.

Construção da confiança e a intensificação da presença pessoal

Numa sociedade que se caracteriza pela competição acirrada e pela busca da excelência, o indivíduo precisa ter algo mais a oferecer se quiser alcançar o sucesso. Principalmente nos campos do esporte e das artes, o núcleo plenamente desenvolvido propicia justamente esse indefinível *algo mais*.

Você aprenderá a incorporar a percepção do seu núcleo em cada som, movimento e emoção que expressar quando respirar, falar, sorrir, caminhar, correr, nadar etc. Do seu ponto mais profundo, você transmitirá sinceridade, convicção e força. E se beneficiará desse apoio interior na execução de qualquer tarefa, da mais simples à mais complexa. Por exemplo, o simples gesto de erguer uma xícara de chá, se realizado conscientemente com a coordenação do núcleo, atrai a atenção por sua firmeza, graça e desenvoltura. Do mesmo modo, a respiração profunda, que parte do núcleo e flui até o rosto, confere um brilho luminoso e encantador à pele.

Em qualquer atuação no palco, sozinho ou em grupo, o artista de sucesso precisa não só de talento e técnica, mas também de uma força que cative a platéia. Essa força, freqüentemente chamada de *presença de palco*, é útil para os artistas e pessoas públicas — e para você, quando quiser conquistar atenção e projetar uma imagem marcante. Um núcleo eficaz proporciona essa força.

Vigor, entusiasmo e coordenação

Para quem pratica esporte — tênis, natação, patinação no gelo, corrida ou ginástica aeróbica —, a respiração profunda adequada pode melhorar sensivelmente o desempenho. Se você se conscientizar do núcleo e usar a sua energia, os músculos e o sistema nervoso responderão melhor, com mais disciplina e coordenação — o que resultará no aperfeiçoamento da execução de movimentos complexos e precisos. Além disso, você distribuirá a sua energia com mais eficácia, experimentando dessa forma um vigor crescente e maior tolerância aos exercícios físicos.

Ao visualizar a localização do seu núcleo, você estará na verdade estabelecendo um ponto de comando de todos os movimentos. Imagine que os seus quatro membros estão ligados ao núcleo, de onde partem todos os movimentos. De pronto você perceberá o senso de coordenação criado por essa visualização até mesmo no gesto mais simples.

A expiração canaliza a energia do núcleo para os movimentos enérgicos. Essa é uma das razões pelas quais os estudantes de caratê aprendem a emitir um som ao desferir um golpe. Alguns jogadores de tênis, como John McEnroe, Chris Evert e Jimmy Connors, freqüentemente grunhem nas raquetadas mais poderosas — trata-se de uma reação verbal quando usam a energia interior acionada na expiração.

Ao seguir as indicações deste livro, você descobrirá que alguns exercícios de respiração lhe são particularmente benéficos. Execute-os antes de praticar o seu esporte favorito. Trabalhe a respiração profunda, desenvolva a energia do núcleo e repare na diferença que isso faz no seu desempenho.

Cútis luminosa

O *chi yi* estimula o fluxo de energia interior até a superfície da pele, o que lhe confere um brilho luminoso. Durante o processo de estimulação do núcleo por meio da respiração profunda, os músculos abdominais apertam e amassam os órgãos do abdome, como numa massagem, e com os mesmos efeitos. Essa "massagem", aliada à energia interior ativada, facilita a digestão e alivia o desconforto provocado por gases e bolhas de ar, deixando a pele mais clara e brilhante. Além disso, a propriedade relaxante da respiração profunda ajuda a controlar a tensão, que é a causa mais freqüente dos problemas de pele.

Hálito refrescante

Com o *chi yi* é possível evitar a halitose — o mau hálito que resiste a todos os cuidados higiênicos e hábitos alimentares saudáveis. O mau hálito causado pela acidez estomacal decorrente de tensão pode ser facilmente eliminado com o relaxamento promovido pela respiração profunda. É possível eliminar a halitose provocada por indigestão com a ajuda da energia interior e da estimulação abdominal por meio da respiração profunda. Já a halitose que resulta da respiração superficial, que mantém o ar estagnado nos pulmões, pode ser facilmente combatida com uma técnica de respiração profunda.

Preparação para o parto

Se está para ser pai e pratica *chi yi*, você será capaz de acalmar a própria tensão nos próximos meses com a respiração profunda e, desse modo, estará bem preparado para ajudar no nascimento do seu filho, guiando a respiração da mãe.

Se você está grávida e já aprendeu as técnicas do *chi yi*, seus músculos abdominais estão fortes, saudáveis, elásticos e respondem bem.

A sua respiração é adequada e fácil de controlar. Você com certeza se beneficiará desses predicados ao longo da gestação e durante o parto, quando o seu bebê — e o médico — precisará de toda a cooperação física que você puder oferecer. Não só a sua capacidade de respirar adequadamente a manterá saudável mental e emocionalmente durante a gravidez, como também a sua energia interior fará bem ao bebê.

Se planeja adotar o método psicoprofilático — uma estratégia de preparação psicológica e física para o parto normal também conhecida como método Lamaze — ou qualquer outro dessa natureza, você perceberá que a sua prática em *chi yi* é extremamente útil no aprendizado e na execução das técnicas. Todos esses métodos de preparação requerem que você treine a respiração para cada estágio do parto — dilatação, transição e expulsão. Com o *chi yi*, você já é especialista em regular a inspiração e a expiração e em controlar o seu ritmo, duração e intensidade.

Durante a gravidez e o período após o parto, provavelmente lhe prescreverão inúmeros exercícios físicos para ajudá-la no parto e na recuperação. Dificilmente lhe darão instruções explícitas sobre respiração. Se você já pratica a respiração profunda disciplinada, a sua capacidade de integrá-la aos exercícios ampliará muito os benefícios resultantes.

Se você está esperando bebê e nunca praticou *chi yi*, é aconselhável consultar o seu obstetra antes de iniciar os exercícios. As condições físicas variam de mulher para mulher, e cada gravidez tem características próprias. Os exercícios do *chi yi* são úteis na maioria das gestações normais, seja você principiante ou experiente. Aja com moderação e siga os conselhos do médico. Mesmo no final da gravidez, ele provavelmente não fará objeção à sua prática de *chi yi*. Assim como ocorre com a natação, o tênis e outras atividades físicas, se você estiver habituada a praticar com freqüência, não terá problemas em continuar durante uma gestação normal.

Ernestine Schumann-Heink, uma famosa contralto do final do século XIX e início do século XX, teve muitos filhos. Vivia quase constantemente grávida nos primeiros tempos de sua carreira e, se tivesse de parar de cantar durante a gestação, não haveria carreira alguma. Seus biógrafos relatam que ela se apresentava até a semana do parto e voltava para o palco poucas semanas depois do nascimento do bebê, que era amamentado na coxia durante os intervalos dos concertos. A experiência em respiração que adquiriu como cantora foi sem dúvida o que lhe permitiu dedicar-se com tanto zelo à maternidade.

Alívio de dores, espasmos e mal-estar

As dores, os espasmos e outros males decorrem de causas diversas, e é preciso consultar o médico nos casos mais sérios. Contudo, se ele se limitar a receitar sedativos, tranqüilizantes ou descongestionantes, visando apenas ao alívio temporário, você pode complementar o tratamento com a energia interior cultivada com a prática do *chi yi.* É possível abrandar muito ou mesmo eliminar as dores decorrentes de tensão, as reumáticas e artríticas e as da região lombar se a energia do núcleo for canalizada para a área afetada.

Redução do período de convalescença

Para aqueles que estão convalescendo ou fazendo fisioterapia, o *chi yi* pode oferecer um grande auxílio.

Uma velha amiga minha ficou hospitalizada por várias semanas. Quando voltou para casa, contou-me que o médico lhe havia ordenado que saísse da cama e começasse a se movimentar, mas ela se sentia fraca demais para obedecer. Sugeri que aproveitasse a minha presença para tentar levantar-se e aconselhei-a a primeiro respirar fundo algumas vezes, para dispor de alguma energia. Minha amiga protestou dizendo que, se a respiração normal já estava muito difícil, a profunda seria impossível. Diante disso, encostei a palma da minha mão na região inferior de seu abdome e pressionei com firmeza. Como eu esperava, os músculos abdominais reagiram, empurrando de leve a minha mão. Então eu disse a ela que, se pudesse resistir à pressão uma vez, conseguiria repetir algumas vezes a proeza e com mais força.

Quando ela atendeu à minha sugestão, pedi-lhe para sincronizar os movimentos abdominais com a respiração. "Essa é a respiração abdominal profunda", eu disse. Ela ficou surpresa e animada com o que havia realizado.

Deixei-a relaxar um pouco e em seguida voltei a chamar sua atenção para a respiração. Dessa vez, comprimi seu abdome apenas com o dedo médio. Em seguida, propus que se levantasse. Pedi a ela que imaginasse que meu dedo continuava pressionando seu abdome. Ela teve êxito em se concentrar naquele ponto e extrair dele a energia de que precisava para se erguer. Com uma ajuda mínima da enfermeira, sentou-se na cama e pôs os pés no chão. Atingimos nosso primeiro objetivo quando ela se levantou sozinha e lentamente deu alguns passos até a poltrona. Com a continuação da prática dessa técnica de *chi yi*, sua recuperação rápida causou espanto não apenas a ela, mas também ao médico.

Certos exercícios de *chi yi* podem ser modificados para adequar-se aos requisitos específicos da convalescença ou de uma incapacidade física. Para exemplificar, se alguém sofrer uma lesão na perna e durante a recuperação tiver dificuldade para se levantar, poderá executar sentado todos os exercícios que indicam a posição em pé. Se alguma parte do corpo estiver engessada e você não puder movê-la ou flexioná-la, nem por isso terá de abandonar a respiração profunda. Bastará suprimir os movimentos que não consegue realizar e adotar a postura mais aproximada possível das posições indicadas. Mesmo sensivelmente modificados, os exercícios ainda serão eficazes. A maioria das pessoas com restrições físicas imobiliza a região afetada para protegê-la. Quando se restringe o movimento, é comum restringir também a respiração, tornando-a superficial. Essa inspiração limitada do ar reduz a estimulação do núcleo e interrompe o fornecimento de energia interior que é imprescindível para a cura completa.

Minimização dos efeitos do envelhecimento

Muitas pessoas em idade avançada de repente se defrontam com o fato de que sua saúde e a própria existência poderiam ser bem melhores se elas tivessem usado os pulmões em sua capacidade máxima. Fôlego curto, dor forte nos músculos peitorais, voz rouca, tensão, peso nos ombros decorrente do esforço inútil para superar a inspiração deficiente — todos esses problemas são freqüentemente causados por maus hábitos de respiração.

O envelhecimento é um processo inevitável que se caracteriza pela perda gradual de força, energia e coordenação. Os efeitos dessa degeneração física podem ser retardados ou minimizados com o desenvolvimento e o uso da energia do núcleo. Em vez de andar às cegas em busca de disposição e força para se mover ou caminhar, busque-as no seu núcleo. Da próxima vez que se sentir cansado demais para se erguer, visualize o seu interior, respire fundo e, no momento de se levantar, procure ânimo no seu núcleo. Você descobrirá que o movimento não exigiu esforço algum.

A imagem da velhice se reflete em grande parte nos movimentos da pessoa. A capacidade de adotar uma postura mais ereta e de mover-se com firmeza o ajudará a parecer e a se sentir mais jovem.

A energia interna do indivíduo é como a corrente elétrica de uma bateria. Na juventude nossa carga é grande, mas, à medida que o tempo passa, e a menos que saibamos como nos recarregar, a circulação de energia interior sofre uma drástica redução. Quando a energia interior perde força e deixa de funcionar em sua capacidade máxima, a corrente vai enfraquecendo aos poucos, primeiro nas extremidades do corpo, como dedos, mãos e pés, e depois nos braços e pernas.

Assim como os cotovelos do encanamento, onde costuma ocorrer entupimento, as articulações também sofrem com a deficiência de energia interior. À medida que envelhecemos, as extremidades do corpo ficam mais suscetíveis. Além disso, tornam-se freqüentes as dores nas juntas dos dedos e, nos pés, distensões e cãibras, para citar apenas alguns dos problemas mais comuns. Qualquer parte do corpo pode ressentir-se da falta de energia interior, o que nos impossibilita de prevenir ou superar doenças.

Se formos previdentes na juventude, quando dispomos de muita saúde e vitalidade, e desenvolvermos a capacidade de gerar energia interior regularmente, evitaremos a diminuição acelerada de nossas reservas. Para os jovens de hoje, que em geral querem abraçar o mundo com as mãos, a prática do *chi yi* é especialmente importante para garantir que o suprimento de energia interior não se esgote. Com o *chi yi*, os que não são tão jovens podem restabelecer rapidamente o suprimento e a circulação de energia interior.

Aprimoramento da fala e do canto

Nenhuma outra atividade humana sofre mais influência da respiração do que a expressão oral. A respiração adequada, sustentada por um núcleo saudável, livra os órgãos da fala da tensão causadora de irritações, rouquidão, chiadeira, excesso de ar na voz, falta de fôlego e de vigor, fanhosidade e muitos outros fatores que impedem a nitidez da fala. Para reparar e fortalecer a voz mal usada, debilitada ou subdesenvolvida, você deve começar por assegurar que o ar seja corretamente inspirado, energizado e expirado.

O canto, principalmente o lírico, é uma forma de expressão oral bem mais intensa e exigente do que a fala. É um tipo exagerado e prolongado de fala, que abrange uma grande extensão e cujo som é ampliado. Além de inteligência e talento musical, os bons cantores precisam de treinamento intensivo e continuado. Acima de tudo, devem desenvolver a indispensável técnica de apoio da respiração.

Quando o apoio da respiração é insuficiente para o volume, altura ou timbre desejados, seja no canto ou na fala, nós automaticamente complementamos essa carência enrijecendo o peito, os ombros ou os músculos do pescoço, ou todos ao mesmo tempo. Mas o uso de cordas vocais enrijecidas pode lesioná-las, provocando problemas funcionais como ferimentos, ar na voz, chiadeira, perda da voz e até calos.

A respiração é a base de sustentação da voz. Assim, é aconselhável ampliar a capacidade de respiração a fim de que haja energia e controle suficientes para apoiar a voz.

A imagem que a voz transmite durante a fala é tão importante quanto a aparência física. Nosso caráter, nossa personalidade, nosso estado de espírito e nosso grau de carisma são avaliados pelo modo como falamos. Também é verdade que o som da voz influencia a aparência. A fala enérgica e expressiva provoca um evidente entusiasmo no ouvinte, mas a voz cansada, cheia de ar e rouca pode prejudicar a aparência mais atraente. A respiração correta é um componente essencial da boa fala. Com a ajuda da respiração profunda, podemos corrigir os defeitos da fala e aprimorar o timbre, o brilho, a desenvoltura e o perfil da voz. Podemos tornar boa uma voz mediana ou polir e aperfeiçoar uma boa voz.

A voz possui o poder único de expressar emoções por meio das interjeições, que são comuns a todos os seres humanos. Embora os significados de "ah", "oh" e "ih" possam variar de cultura para cultura, seu uso é universal. O volume denota graus diferentes de entusiasmo. A profundidade da respiração está ligada à expressividade da projeção vocal. Quanto mais profunda a respiração, mais expressiva é a interjeição.

Cada inspiração profunda deve nos proporcionar bem-estar e fazer-nos sentir elevados. O mundo fica mais brilhante, e temos vontade de cantar. Cantar é saudável. O canto nos convida a controlar o fluxo de ar e assim liberar quaisquer emoções reprimidas.

Cante sempre que puder. No chuveiro, no jardim, no carro a caminho do trabalho. Não importa se você não tem bom ouvido e desafina. Cante para si mesmo. Não faz mal se alguém ouvir. Decore a letra das músicas — pop, rock, canções folclóricas, hinos e até mesmo suas árias prediletas de ópera. Não se preocupe se você não for um Caruso ou uma Barbra Streisand; apenas cante com toda a liberdade e prazer. Se esquecer a letra, invente, improvise. Não tenha medo de ouvir a própria voz.

Aos poucos, o seu verdadeiro eu expressivo irá aflorar. Você pode até se surpreender com o seu progresso. À medida que a respiração se aperfeiçoar através da prática de *chi yi*, a voz também se aperfeiçoará. Deixe que ela seja o termômetro do seu avanço no aprendizado da arte de respirar.

A respiração na meditação

Ao longo dos séculos, os monges budistas e os seguidores de inúmeras crenças e religiões têm usado a meditação como meio de ascensão a níveis mentais e espirituais superiores; e garantem que o segredo do sucesso na meditação é o controle adequado da respiração.

Os *yogues* do Himalaia foram mais longe ao proclamar que é essencial respirar de modo deliberado e alternando as narinas — uma vez que, no seu modo de ver, a respiração normal apresenta um ciclo natural que enfatiza ora a narina esquerda, ora a direita. Segundo eles, a respiração com a narina direita aciona os instintos mais ativos e agressivos, enquanto com a narina esquerda nos torna mais passivos e dóceis. Essa crença faz lembrar as pesquisas recentes sobre as diferentes funções desempenhadas pelos hemisférios direito e esquerdo do cérebro.

A prática das técnicas de *chi yi* proporciona a capacidade básica necessária para avançar nas várias formas de meditação. No processo de disciplinar e regular a respiração, você volta a sua atenção para o interior, minimizando ou até eliminando os estímulos externos. A capacidade de centrar e controlar toda a percepção física e mental é o segredo do controle total do corpo e da mente, que constitui o fundamento da meditação. O *chi yi* treina o olho da mente para olhar para dentro e permanecer concentrado, propiciando um estado de relaxamento completo.

A capacidade de controlar o estado físico e mental produz imensa satisfação. Ficar deitado insone ou sentindo dor sem poder combatê-la mina a autoconfiança. Ser competente em *chi yi* é a diferença entre ficar desamparado e assumir o controle. Comece a aprender o *chi yi* ainda hoje!

Segunda Parte

Exercícios para a prática do chi yi

Algumas sugestões

A seguir, apresentarei a espinha dorsal do treinamento em *chi yi*. Esses 24 exercícios, organizados em seis lições, guiarão você para uma conscientização crescente dos hábitos adequados e para um controle maior da respiração.

Embora a teoria seja de fácil apreensão, a prática diligente é indispensável para que os músculos e o sistema nervoso reajam à nova técnica. Aprender *chi yi* exige motivação, concentração e persistência. Com o tempo, porém, a respiração superficial passará a requerer um esforço maior do que a abdominal. À medida que os exercícios desenvolverem a sua percepção do processo respiratório, os princípios da respiração profunda nortearão cada vez mais as suas atividades diárias, até você se tornar um mestre na arte de respirar.

A respiração profunda e a energia resultante podem ser empregadas de muitas maneiras, tanto nas tarefas físicas quanto nas mentais. E podem aperfeiçoar qualquer talento especial de acordo com a área de interesse — fazer demonstração de um produto, dançar, representar ou praticar quaisquer atividades físicas, como, por exemplo, corrida, ginástica aeróbica ou golfe.

Não desanime se você sentir dificuldade nas primeiras tentativas de apreender determinadas sensações ou controles físicos. Com a repetição metódica dos exercícios, você começará a executá-los e a sentir do modo como está descrito no livro. Quando o *chi yi* se estabelecer como um hábito, você ganhará em vigor, graça, brilho e bem-estar.

Para alguns leitores, esses exercícios, principalmente os das lições iniciais, talvez pareçam simples demais. Na verdade, porém, os procedimentos são muito rigorosos, uma vez que devem ser realizados com precisão. Cada detalhe visa a um objetivo importante. Embora possa à primeira vista dar a impressão de ser abstrato, com a prática o propósito de cada exercício logo se tornará evidente.

A execução de cada uma das seis lições demora de dez a vinte minutos, dependendo do tempo necessário para o seu repouso nos intervalos. Você pode diminuir o número sugerido de repetições, de acordo com a sua resistência. No início do treinamento da respiração controlada, é possível ocorrer uma ligeira tontura. Se isso acontecer, faça uma pausa para se recuperar antes de prosseguir. A tontura pode ser um sinal de esforço excessivo. Pare para descansar sempre que precisar, mesmo que não esteja indicado nas instruções. Se quiser aumentar o número de repetições de um determinado exercício, faça-o com cautela e repouse nos intervalos.

Use uma roupa confortável, que lhe dê liberdade para os vários movimentos e posições dos exercícios. Eu recomendo roupas folgadas. Evite as que tenham cintura ou gola apertadas e cintos, porque impedem que a respiração flua fácil e livremente.

Os exercícios não requerem muito espaço, mas é aconselhável escolher um lugar onde você possa concentrar-se sem ser interrompido. É possível exercitar-se em ambientes fechados ou ao ar livre. Salas muito cheias de móveis e objetos não são convenientes para a prática do *chi yi* porque, depois de alguns minutos de respiração profunda, você começará a sentir muito calor. Abra as janelas para conseguir o máximo de benefício dos exercícios que apresentaremos a seguir; respirar ar fresco sempre nos revitaliza.

Quando o exercício exigir que você se deite, use um tapete ou carpete. O chão nu é desconfortável, e a cama, por ser macia, não oferece o apoio necessário.

Você pode praticar em qualquer hora do dia ou da noite, mas é indispensável um intervalo de quinze a vinte minutos para repouso antes das refeições. Também é prudente esperar uma hora após refeições leves — ou duas, no caso de refeições mais substanciais — antes de iniciar o treinamento.

Para adquirir habilidade e desenvolver progressivamente os músculos, pratique cada lição duas vezes por dia, em horários diferentes, durante no mínimo três dias consecutivos.

Depois de praticar a lição duas vezes por dia por no mínimo três dias, você estará pronto para a lição seguinte. Se nem sempre lhe for possível praticar duas vezes no mesmo dia, mas ainda assim você se sentir inteiramente confiante para realizar todos os exercícios da lição, pode passar para a lição seguinte depois de três dias. Se tiver deixado de praticar um dia inteiro, é aconselhável revisar cada exercício da lição anterior uma vez (ignorando as repetições) por um dia ou dois antes de prosseguir. Guie-se sempre pelos seus sentimentos em relação ao próprio aprendizado.

A respiração profunda implica expirar e inspirar de um modo que esvazie e preencha completamente as regiões superior e inferior dos pulmões, usando os músculos da região lombar, da região inferior do abdome e dos flancos. É preciso fortalecer e tonificar os músculos dessas áreas com exercícios que promovam resultados específicos no tempo apropriado. Portanto, é importante seguir minuciosamente todos os detalhes especificados nos exercícios.

Nós nos acostumamos a pensar na respiração como um processo de inspiração/expiração, nessa ordem de importância. É raro darmos atenção à expiração. Em geral, os conselhos sobre a respiração enfatizam a inspiração, como é o caso de "respire fundo". A verdade é que a expiração tem igual importância, porque se trata da mesma energia interior cultivada e refinada que canalizamos de forma seletiva. Em outras palavras, expirar é colher o que foi plantado na inspiração.

Importante: embora os *efeitos* desses exercícios acabem sendo incorporados na respiração normal, a idéia é que os procedimentos em si sejam *apenas* exercícios. Não devemos considerá-los estratégias para a respiração normal e cotidiana, porque exigem demais e não é sensato praticá-los em demasia. Se sentir tontura ou qualquer outra indisposição, pare! Você já fez o bastante por ora. Desvie a atenção da respiração para outras atividades. A sua respiração voltará automaticamente ao normal, e você se recuperará em pouco tempo.

Contagem

Nos exercícios em que se indica uma *contagem lenta*, a velocidade corresponde a um número por segundo.

Os números especificados para a contagem mental à medida que respiramos não foram escolhidos de maneira arbitrária, mas calculados para padronizar a duração das expirações e inspirações em condições específicas. Contudo, você perceberá um padrão que persiste ao longo deste livro: as inspirações terminam com número ímpar, e as expirações, com número par. Existe uma razão psicológica para isso. A maioria das pessoas conta em pares: nos números ímpares, nós nos preparamos mentalmente para prosseguir e, portanto, ficamos na expectativa; nos pares, nos sentimos inclinados a parar. Quando concluímos a inspiração, é benéfico sentir expectativa e movimento, ao passo que, no final da expiração, é preferível vivenciar uma sensação de completude.

Postura

Observe os itens abaixo ao praticar os exercícios:

- A postura apropriada estimula a respiração adequada.
- Nunca devemos erguer ou contrair os ombros, mas sim deixá-los relaxados, uma vez que não participam da expiração nem da inspiração.
- Nunca devemos contrair o peito.

Quando estiver sentado, de pé ou caminhando, mantenha a coluna reta, tomando cuidado para não vergá-la para trás. A cabeça também deve permanecer ereta, como se estivesse alinhada com um fio de prumo imaginário que começa no cóccix e se estende até um ponto central no seu topo. Quando abaixamos ou inclinamos a cabeça, contraímos os músculos sob o queixo e os do pescoço, obstruindo o fluxo de ar da respiração.

O ângulo da pelve é essencial para uma boa postura. Quando erguemos o púbis, inclinando a pelve, os músculos abdominais e os glúteos adquirem uma capacidade maior de sustentar o tronco, o que minimiza a pressão sobre a região lombar. Para minimizá-la ainda mais, pratique o seguinte exercício de imaginação ativa:

EXERCÍCIO DE IMAGINAÇÃO ATIVA

Fio de contas

Imagine que as diversas partes do seu corpo são contas de formatos diferentes. Prenda um fio no chão e enfie as contas. Depois de colocar a última — a cabeça —, estique o fio e levante-o. Todas as contas devem permanecer em seu respectivo lugar, formando uma linha reta. As diferentes partes do corpo devem ficar como contas num fio — bem alinhadas, todas na posição certa.

Após uma vida inteira de respiração superficial, a região superior dos pulmões foi mais usada e estendida do que a região inferior. Não é preciso continuar privilegiando o desenvolvimento da região superior. Em vez disso, deve-se deixá-la de lado. Qualquer tentativa de enfatizar seu uso nos distrairá e impedirá o desenvolvimento da região inferior. Por fim, quando o nível da capacidade funcional e a elasticidade da região inferior dos pulmões se igualarem aos da região superior, automaticamente ambas funcionarão como um todo.

Se você alguma vez encheu uma bexiga comprida, lembrará que só conseguiu inflar com facilidade a extremidade por onde o ar entra. É preciso manusear a bexiga, caso contrário o ar praticamente nem chegará à outra extremidade. Talvez tenha percebido também que, depois de várias tentativas, a extremidade cheia fica mais frouxa e elástica do que a outra, o que aumenta a tendência de encher apenas esse lado. Um truque para resolver esse problema é esticar e puxar a outra extremidade, afrouxando-a antes de enchê-la.

Os pulmões são como essas bexigas compridas. Devido a uma variedade de circunstâncias físicas, sua região inferior, como a outra extremidade da bexiga, raramente é inflada. Se nos limitarmos à respiração superficial, o desequilíbrio entre as duas regiões ficará cada vez maior à medida que envelhecemos. Os exercícios progressivos que apresentamos neste livro acabarão com o desequilíbrio. É comum ouvirmos as pessoas mais velhas — e às vezes as nem tão velhas assim — reclamarem de dificuldade para respirar. Freqüentemente o problema ocorre quando a região superior dos pulmões fica sobrecarregada e perde a elasticidade, enquanto a inferior não se desenvolve e, por isso, não tem como cumprir sua função. Nunca é tarde demais para colocá-la em funcionamento com a prática do *chi yi.*

O desenvolvimento de sensações internas e controles musculares

Ao praticar cada um dos exercícios das seis lições, tente perceber as sensações e controles musculares que enunciaremos a seguir. *Consulte sempre essas duas listas para ampliar a sua percepção.*

Sensações internas

- Conscientize-se da *região inferior do abdome*, localizada abaixo do umbigo, que se infla e esvazia.
- Durante a inspiração, observe a sensação do ar fluindo para a *região inferior do abdome* e inflando-a.
- Durante a expiração, observe a sensação de esvaziamento da *região inferior do abdome.*
- Crie a imagem mental (e observe a sensação que ela provoca) de que a *língua* se estende da ponta até a raiz, localizada não na garganta nem no pescoço ou peito, mas na boca do estômago.
- Na inspiração, quando a ponta da língua tocar a parte de trás dos dentes da frente, imagine a *língua* como um conduíte por onde o ar transita, partindo das narinas e seguindo até a região inferior do abdome, onde o movimento se inverte (e o ar volta pelo mesmo caminho).
- Observe a sensação causada pelas posições em que a *língua*, em vez de enrijecida como uma protuberância ou uma tira inflexível, permanece mole e relaxada. A tensão na língua pode estender-se aos músculos do pescoço, peito e ombros, restringindo o fluxo de ar para a região inferior do abdome.
- Preste atenção ao que você sente quando estimula a *raiz da língua*, de modo a usá-la no controle e no movimento da parte visível da língua. O alongamento, a movimentação e o relaxamento dessa parte visível provocam uma sensação na raiz, facilitando a drenagem da tensão da língua para o núcleo durante a respiração abdominal.
- Sempre que estiver indicado "prenda a respiração" entre a inspiração e a expiração, concentre-se na sensação de que o ar continua descendo e se instalando na região inferior do *abdome* enquanto você "prende a respiração".
- Durante a expiração, concentre-se na sensação de que o ar está sendo drenado através de um orifício na região inferior do abdome.

- Observe a sensação de bocejo (na *parte de trás da garganta* e na *passagem nasal* adjacente), que cria uma abertura central para o fluxo de ar.

Controles musculares

- Para obter a abertura adequada da boca para o exercício, escancare a mandíbula — não só a parte da frente, mas também a ATM (articulação temporomandibular), de modo que os dentes molares fiquem quase paralelos. Para conseguir isso, abra a *mandíbula* de maneira a formar um "U deitado" (⊐), e não um anguloso "V deitado" (>).
- Respire livremente ao praticar os exercícios que enfatizam os *músculos do pescoço.*
- Produza *um fluxo constante de respiração,* em vez de vários fluxos curtos e descontínuos.
- Inicie os movimentos de braços, pernas, coluna, pescoço etc. com a energia interior proveniente da *região inferior do abdome.*
- Fortaleça os *músculos da região inferior do abdome* expandindo-os e contraindo-os livremente, com ou sem respiração.
- Sempre que for preciso, use as pontas dos dedos e as palmas das mãos para monitorar e auxiliar os movimentos dos *músculos abdominais.*

LIÇÃO 1

Como disciplinar a respiração

A Lição 1 apresenta um método natural, simples e eficaz para disciplinar a respiração. Seus quatro exercícios têm por objetivo alongar os músculos abdominais e os da região lombar, que são muito importantes para o tipo de respiração profunda que as crianças saudáveis têm, mas que freqüentemente abandonam à medida que crescem e envelhecem.

Por negligência e falta de exercício, os músculos da parede abdominal e os da região lombar se enrijecem e param de reagir. Outro fator, este de caráter cultural, que nos impede de praticar a respiração profunda diafragmática é o receio de que o abdome fique protuberante. Os exercícios de respiração apresentados aqui não produzem esse efeito. Em vez disso, o desenvolvimento desses músculos reduz a flacidez e lhes confere força e elasticidade, além de aumentar a nossa capacidade de retesar o estômago sempre que quisermos.

A Lição 1 também ajuda a criar a sensação de bocejo no fundo do nariz e da garganta durante a inspiração. Essa sensação, estimulada no exercício de imaginação ativa "Conta-gotas", permite que a junção nariz-garganta funcione como um funil largo por onde o ar transita livremente até o núcleo.

Depois que você se familiarizar com os exercícios, a primeira lição pode ser completada num período de cinco a dez minutos, mas tome cuidado para não correr nem pular nenhuma das etapas. A Lição 1 introduz movimentos e sensações essenciais para as lições seguintes. Pratique cuidadosamente duas vezes por dia por no mínimo três dias, até se sentir à vontade em todos eles.

EXERCÍCIO 1A

Alongamento dos músculos abdominais

Quando estamos sentados, todos os músculos, principalmente os das pernas, ficam mais relaxados. Nessa posição, você pode concentrar a atenção nos músculos abdominais.

Manter a coluna reta é importante para formar um ângulo reto entre o tronco e as pernas. Essa posição alonga ao máximo a região inferior do abdome, proporcionando assim maior capacidade de respiração.

1. Mantendo a coluna reta, sente-se numa cadeira e ponha os pés no chão, separados por uma distância de quinze a dezessete centímetros.

2. Coloque as palmas das mãos na região inferior da parede abdominal, sem fechar totalmente os dedos (veja Figura 4).

3. Encoste a ponta da língua atrás dos dentes da frente da arcada inferior. Expire pela boca, soltando o ar com suavidade por entre os lábios ligeiramente franzidos, contando devagar 1-2-3-4-5. Inicie a

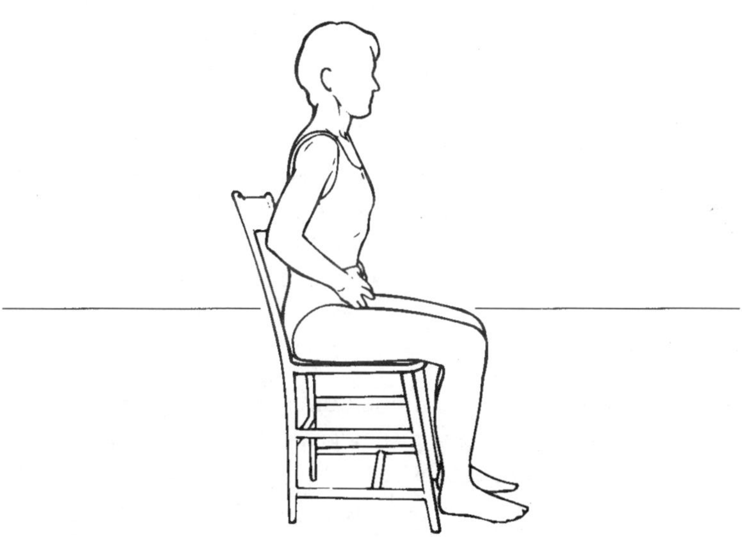

FIGURA 4.

expiração pelo abdome, contraindo a parede abdominal e ao mesmo tempo aumentando a pressão dos dedos sobre o abdome. Quando a contagem chegar a seis, faça uma pressão maior para esvaziar completamente o abdome.

4. Encoste a ponta da língua atrás dos dentes da frente da arcada superior. Inspire pelo nariz, observando a sensação de bocejo no fundo do nariz e da garganta e contando devagar 1-2-3-4-5-6. Ao mesmo tempo, infle a região inferior da parede abdominal. Quando a contagem chegar a sete, num impulso mais forte inspire e empurre a parede abdominal para fora, para alcançar a expansão máxima.

5. Sem pausa, repita três vezes a seqüência expiração/inspiração (etapas 3 e 4).

6. Se for a primeira vez que você controla a respiração, talvez se sinta um pouco tonto. Não se assuste. Apenas relaxe por alguns minutos antes de começar o exercício seguinte.

EXERCÍCIO 1B

Alongamento dos músculos da região lombar

Quando nos sentamos e inclinamos para a frente, alongamos os músculos da região lombar, o que permite que o ar que inspiramos os alcance com facilidade.

Quando seguramos os tornozelos, virando os cotovelos para fora, alongamos ainda mais a região lombar.

É importante manter uma distância de 25 a trinta centímetros entre os pés. Se juntarmos muito os pés, encurtaremos o músculo da região inferior do abdome. Se os separarmos demais, projetaremos o cóccix, criando uma curvatura que também encurta os músculos da região lombar.

1. Mantendo a coluna reta, sente-se numa cadeira e ponha os pés no chão, separados por uma distância de 25 a trinta centímetros. Coloque as palmas das mãos sobre as coxas e gire-as para dentro, virando os polegares na direção do corpo, de modo que os cotovelos apontem para fora. Aperte suavemente as coxas (veja Figura 5).

2. Incline-se gradualmente enquanto as mãos deslizam ao longo das pernas, em direção aos tornozelos (veja Figura 6). Com firmeza, segure os tornozelos ou o ponto mais próximo deles que você alcançar sem dificuldade. Incline a cabeça na direção do chão e vire ainda mais os cotovelos para fora. Nessa posição, concentre a atenção na região lombar e no cóccix.

3. Com a cabeça ainda curvada, encoste a ponta da língua atrás dos dentes da frente da arcada inferior. Expire pela boca, soltando o ar com suavidade por entre os lábios ligeiramente franzidos e contando devagar 1-2-3-4. Ao mesmo tempo, esvazie o abdome.

4. Segure a respiração e permaneça imóvel por um momento.

5. Encoste a ponta da língua atrás dos dentes da frente da arcada superior. Inspire pelo nariz, observando a sensação de bocejo no fundo do nariz e da garganta e contando devagar 1-2-3-4-5. Conduza o ar inspirado até a base do tronco. Imagine que está alongando a coluna enquanto inspira e expande a região lombar. Quando a contagem chegar a cinco, num impulso mais forte inspire e empurre para fora ambos os lados da região lombar.

6. Segure a respiração, enquanto as mãos lentamente deslizam de volta para as coxas e você retorna à posição ereta.

7. Expire completamente.

8. Repita quatro vezes as etapas de 1 a 7.

9. Relaxe por alguns minutos antes do Exercício 1C.

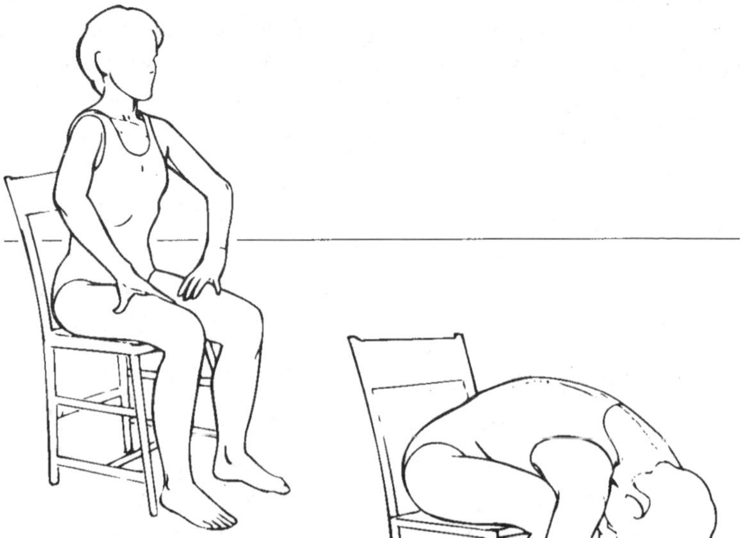

FIGURA 5.

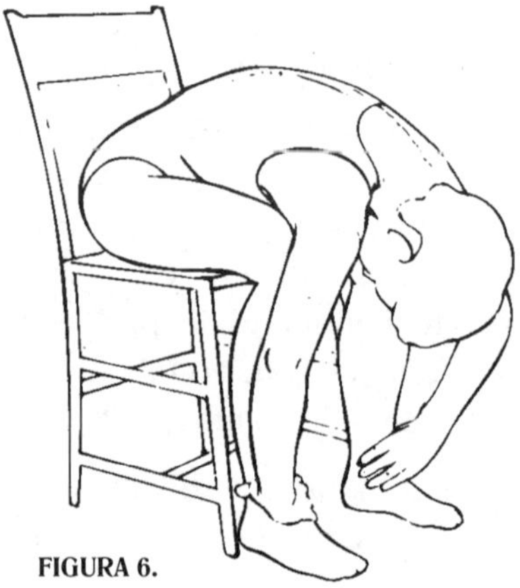

FIGURA 6.

EXERCÍCIO 1C

Alongamento dos músculos da base do tronco

Quando nos ajoelhamos mantendo os joelhos separados ao máximo, alongamos a região lombar. Essa posição desvia a nossa atenção dos músculos da região inferior do abdome para a atividade muscular, aumentando a eficácia do movimento inflar/esvaziar.

Quando fazemos as mãos deslizarem para baixo durante a inspiração, impedimos que os ombros se contraiam e que o ar flua descontroladamente apenas para a parte superior do tronco. O objetivo desse movimento é inflar primeiro a região lombar, permitindo que o ar suba pouco a pouco. A sensação de respiração plena deve começar embaixo e subir sem deixar que a região inferior se esvazie.

1. Ajoelhe-se, voltando a planta dos pés para cima, com a coluna e as coxas eretas, formando um ângulo reto com a parte inferior das pernas.
2. Separe os joelhos ao máximo sem inclinar o corpo.
3. Pouse as palmas das mãos pouco acima dos quadris, com os dedos para baixo, mas os polegares para a frente. Gire os cotovelos para o lado (veja Figura 7).
4. Encoste a ponta da língua atrás dos dentes da frente da arcada inferior. Expire pela boca, soltando o ar com suavidade por entre os lábios ligeiramente franzidos e contando devagar 1-2-3-4-5-6. Ao mesmo tempo, esvazie a região inferior do abdome.
5. Encoste a ponta da língua atrás dos dentes da frente da arcada superior. Inspire pelo nariz, observando a sensação de bocejo no

FIGURA 7.

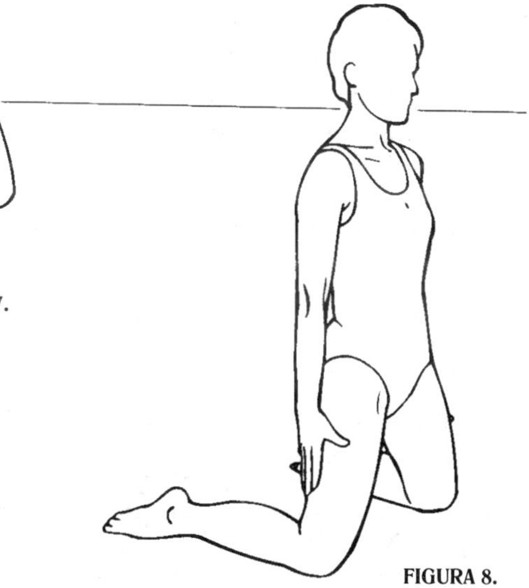

FIGURA 8.

fundo do nariz e da garganta e contando devagar 1-2-3-4-5-6-7. Ao mesmo tempo, infle a região inferior do abdome e faças as mãos deslizarem gradualmente pelas coxas até esticar os braços (veja Figura 8).

6. Encoste a ponta da língua atrás dos dentes da frente da arcada inferior. Expire pela boca, contando devagar 1-2-3-4-5-6. Ao mesmo tempo, leve as mãos de volta para a posição original e esvazie a região inferior do abdome.
7. Repita três vezes as etapas 5 e 6.
8. Permaneça nessa posição e respire livremente.
9. Relaxe por alguns minutos antes do Exercício 1D.

EXERCÍCIO 1D

Alongamento da região inferior do abdome e da região lombar

Quando estamos em pé, não alongamos nem flexionamos os músculos do tronco. Nessa posição neutra, precisamos de um grau maior de controle mental dos músculos do abdome e da região lombar para atingir os efeitos físicos desejados.

Juntando as mãos atrás das costas e empurrando-as para baixo, impedimos que os ombros se contraiam quando alongamos o torso. Ao nos curvarmos, facilitamos a contração dos músculos da região inferior do abdome durante a expiração. Na inspiração, voltando à posição ereta, o ar inalado fluirá com facilidade pela região inferior do abdome.

1. Fique em pé, mantendo uma distância de 45 a cinqüenta centímetros entre os pés.
2. Mantenha a cabeça ereta; não abaixe o queixo (veja Figura 9).
3. Junte as mãos atrás das costas, com as palmas para baixo e os dedos entrelaçados.
4. Estique as mãos entrelaçadas para baixo o máximo possível, tomando cuidado para não projetar nem contrair o cóccix (veja Figura 10).

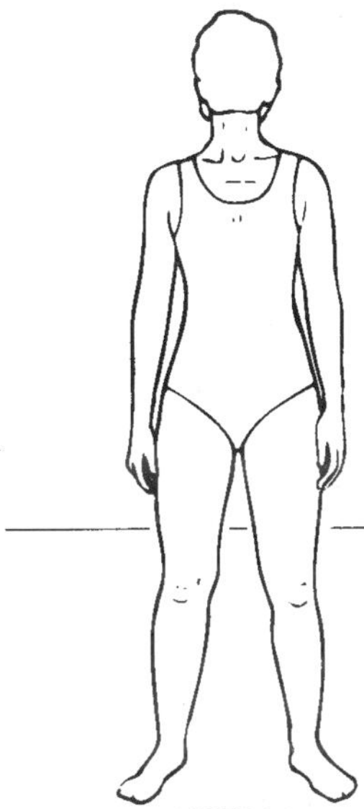

FIGURA 9.

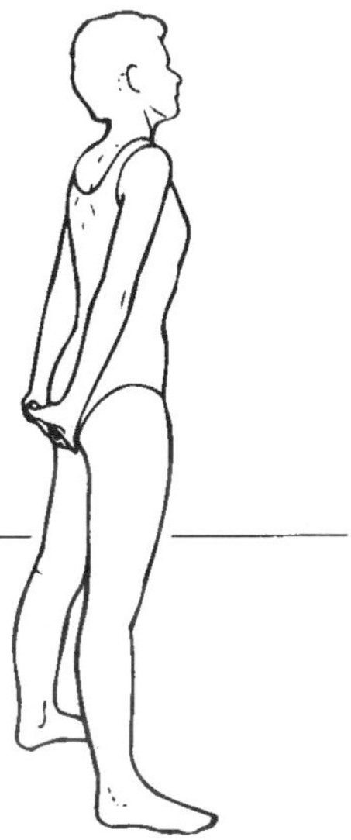

FIGURA 10.

5. Encoste a ponta da língua atrás dos dentes da frente da arcada inferior. Expire pela boca, soltando o ar com suavidade por entre os lábios ligeiramente franzidos, contando devagar 1-2-3-4-5-6. Ao mesmo tempo, incline-se gradualmente para a frente o máximo que conseguir, esvaziando a região inferior da parede abdominal (veja Figura 11).

6. Encoste a ponta da língua atrás dos dentes da frente da arcada superior. Inspire pelo nariz, observando a sensação de bocejo no fundo do nariz e da garganta, contando devagar 1-2-3-4-5-6-7. Ao mesmo tempo, expanda a região inferior da parede abdominal e da região lombar, voltando à posição ereta inicial, descrita nas etapas de 1 a 4.

7. Repita cinco vezes as etapas 5 e 6.

8. Expire, relaxe e descanse.

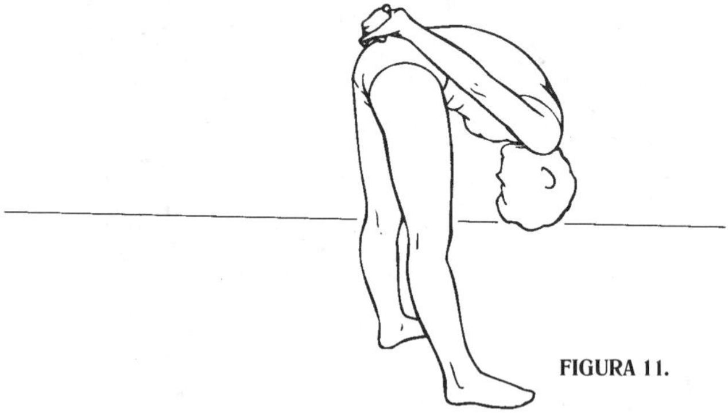

FIGURA 11.

Reflexões sobre a Lição 1

Os movimentos enfocados na Lição 1 são simples, mas são esses que freqüentemente negligenciamos mais. É comum sentirmos dificuldade ou realizarmos mal as ações mais instintivas, como por exemplo andar.

Além dos objetivos já discutidos nos exercícios da Lição 1, dois aspectos básicos devem ser analisados e estabelecidos.

Primeiro, sempre pense na seqüência de respiração como expiração/inspiração, e não o contrário. Em qualquer momento de relaxamento, algum ar sempre permanece nos pulmões; expelindo-o, você estará pronto para iniciar sua primeira inspiração intencional.

Segundo, a saída e a entrada de ar (expiração e inspiração) não devem produzir sons audíveis. A respiração ruidosa pode causar muitas interrupções e até mesmo incomodar o ouvinte, principalmente quando se tratar de locutores, cantores e intérpretes de instrumentos de sopro. Os segundos em que a inspiração ocorre, entre frases da locução ou da música, exigem que você desobstrua o nariz e a boca. Se pensar em inalar o ar por essas aberturas, os músculos dessas áreas se contrairão e encurtarão. Em vez disso, use a imagem mental descrita no exercício de imaginação ativa "Conta-gotas". Deixe que o ar seja inspirado pela região inferior do abdome (o bulbo do conta-gotas, conforme a imagem mental) e que a junção nariz-garganta funcione como um receptáculo passivo, como a parte de cima de um funil. Os músculos dessas aberturas se relaxarão e alongarão, permitindo um fluxo de ar livre e silencioso.

LIÇÃO 2

Como coordenar a respiração

Quando a língua fica tensa e se retrai, formando uma protuberância inflexível perto da garganta, obstrui o fluxo livre da respiração e prejudica a fala. Essa tensão se estende à garganta, ombros, peito e músculos abdominais, impedindo que o ar inalado transite livremente até a região inferior dos pulmões. O relaxamento da língua, portanto, é fundamental para a respiração profunda.

A ligação muscular contínua se inicia na ponta da língua e vai até a boca do estômago. Quando relaxamos a ponta da língua e mentalmente enviamos a tensão para o núcleo, não só eliminamos a tensão como também estimulamos o núcleo.

Abra bem a boca ao fazer os exercícios para a língua apresentados na Lição 2, para ampliar ao máximo o espaço disponível para o movimento livre da língua e da respiração. O número de pessoas que têm ATM (articulação temporomandibular) frágil é muito pequeno. De qualquer modo, convém tomar cuidado para não forçar essa articulação fazendo movimentos exagerados e prolongados com a mandíbula. Se você forçar a ATM, massageie-a gentilmente com a ponta dos dedos e terá alívio imediato.

REVISÃO RECOMENDADA EXERCÍCIOS 1A, 1B E 1D

A revisão funciona como parte integrante das lições, uma vez que os exercícios recomendados têm os mesmos objetivos daqueles ensinados na lição. Você perceberá essa afinidade de propósitos ao executá-los de modo seqüencial. E notará sua natureza cumulativa quando os repetir na ordem sugerida. A revisão também é útil para reforçar a sua capacidade de executar os exercícios anteriores e de aprender os novos.

Reveja os Exercícios 1A, 1B e 1D para resgatar as sensações vivenciadas na Lição 1. Na revisão, as repetições podem ser reduzidas para que você tenha mais tempo e energia para completar a Lição 2.

EXERCÍCIO 2A

Canalização da tensão da língua e de sua raiz para o núcleo

Este exercício alonga os tendões e músculos do pescoço e alivia qualquer tensão ou rigidez que você possa ter nessa área.

Quando entrelaçamos as mãos atrás das costas e esticamos os braços, impedimos que os ombros se contraiam e que o ar flua para a região superior do tronco, o que bloquearia o fluxo livre de ar para a região superior do abdome.

Se possível, execute o Exercício 2A diante do espelho, pois é importante monitorar atentamente a posição da boca e da língua. Durante este exercício, preste atenção para não erguer os ombros ao movimentar a boca e a língua, que deve permanecer sempre relaxada.

1. Fique em pé, observando uma distância de 25 a trinta centímetros entre os pés.
2. Incline a cabeça para trás o máximo possível; em seguida, volte para a posição ereta, embora mantendo uma ligeira inclinação.
3. Junte as mãos atrás das costas, entrelaçando os dedos.
4. Faça as mãos deslizarem até as nádegas, tomando cuidado para não projetar nem encolher o cóccix.
5. Abra bem a boca e encoste nos dentes da frente da arcada superior a parte da língua que fica a uma distância de um a dois centímetros da ponta (veja Figura 12).
6. Inspire pela boca, contando 1-2-3-4. Ao mesmo tempo, infle a região inferior do abdome.
7. Encoste a ponta da língua, que deve permanecer relaxada, atrás dos dentes da frente da arcada inferior (veja Figura 13). Expire pela boca soltando o ar devagar e contando 1-2-3-4-5. Ao mesmo tempo, esvazie a região inferior do abdome.
8. Mais uma vez, abra bem a boca e encoste nos dentes da frente da arcada inferior a parte da língua que fica a uma distância de um a dois centímetros da ponta (veja Figura 14).

9. Inspire pela boca, contando 1-2-3-4. Ao mesmo tempo, infle a região inferior do abdome.

10. Encoste a ponta da língua atrás dos dentes da frente da arcada inferior (veja Figura 13). Expire pela boca contando lentamente 1-2-3-4-5. Ao mesmo tempo, esvazie a região inferior do abdome.

11. Repita duas vezes as etapas de 5 a 10.

12. Relaxe por alguns minutos antes de passar para o próximo segmento.

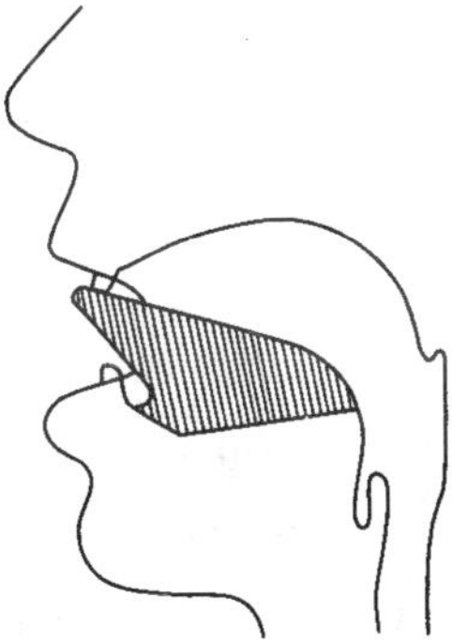

FIGURA 12.

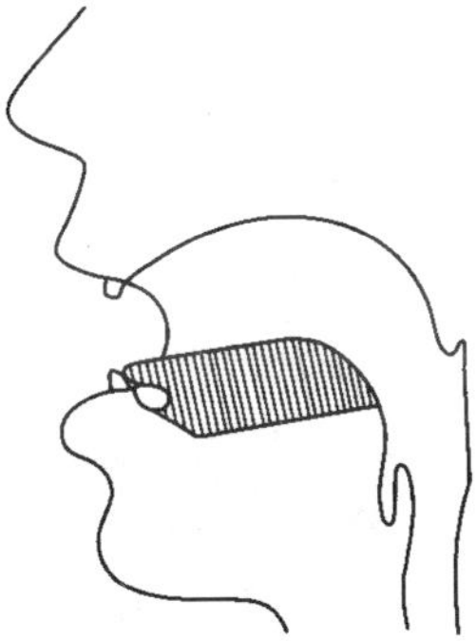

FIGURA 13.

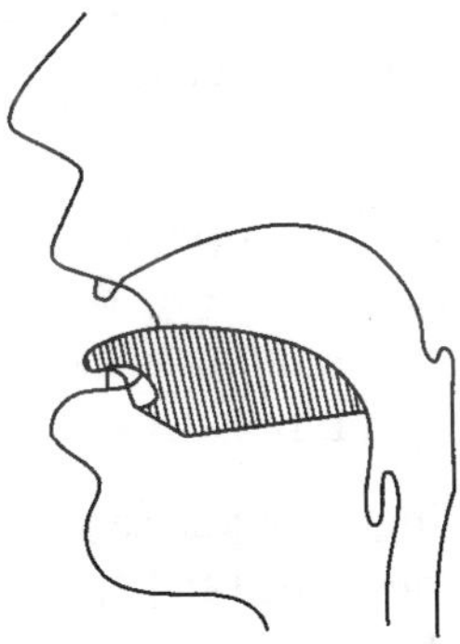

FIGURA 14.

EXERCÍCIO 2A - CONTINUAÇÃO

Durante este segmento, mantenha a cabeça sempre ereta. No momento de estendermos a língua em direção ao queixo, temos a tendência de abaixar a cabeça, contraindo os músculos sob o queixo e os do pescoço.

Lembre-se de escancarar a boca quando tiver de esticar a língua ao máximo em direção ao queixo, como na etapa 5 abaixo.

1. Fique em pé, observando uma distância de 25 a trinta centímetros entre os pés.
2. Incline a cabeça para trás o máximo possível; em seguida, volte para a posição ereta, embora mantendo uma ligeira inclinação. Não abaixe o queixo.
3. Junte as mãos atrás das costas, entrelaçando os dedos.
4. Faça as mãos deslizarem até as nádegas, tomando cuidado para não projetar nem encolher o cóccix.
5. Escancare a boca, abrindo bem a ATM. Estique a língua o máximo possível na direção do queixo (veja Figura 15).
6. Mantenha a boca aberta e a língua para fora. Expire soltando o ar lentamente, contando 1-2-3-4-5. Ao mesmo tempo, esvazie a região inferior do abdome.
7. Mantenha a boca e a língua na posição descrita nas etapas 5 e 6. Inspire pela boca contando devagar 1-2-3-4. Ao mesmo tempo, infle a região inferior do abdome.
8. Mantendo a boca aberta, encoste a língua (que deve continuar relaxada) atrás dos dentes da frente da arcada inferior (veja Figura 16). Expire pela boca, contando devagar 1-2-3-4-5. Ao mesmo tempo, esvazie a região inferior do abdome.
9. Mantenha a boca e a língua na posição descrita na etapa 8. Inspire pela boca contando devagar 1-2-3-4. Ao mesmo tempo, infle a região inferior do abdome.
10. Repita três vezes as etapas de 5 a 9.

11. Solte os braços e as articulações, respire livremente e relaxe por alguns minutos antes de passar para o Exercício 2B.

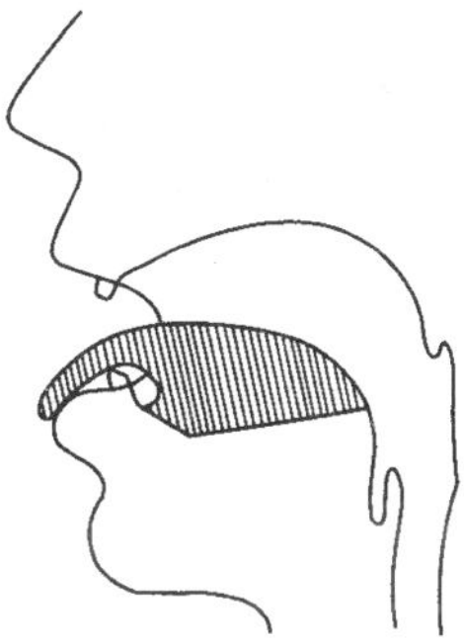

FIGURA 15.

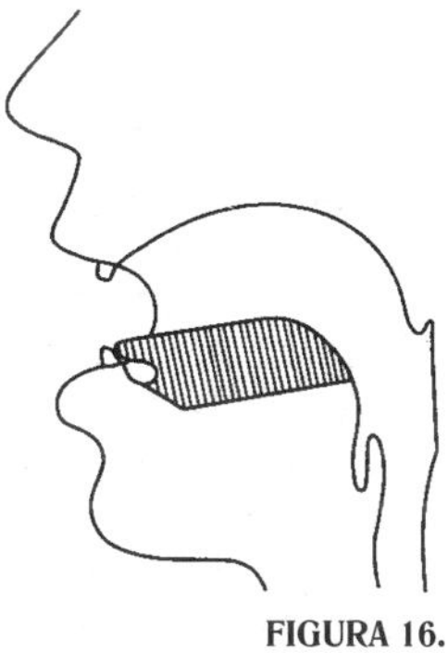

FIGURA 16.

EXERCÍCIO 2B

Ativação dos músculos da língua

Neste exercício, usaremos a sílaba *toh* como um som não vocálico e não aspirado, como num murmúrio. Soa como *tó*, mas é emitido sem a participação da laringe. O ar deve explodir entre os dentes e a ponta da língua para produzir um som não vocálico.

Quando repetir a sílaba *toh*, emita dois sons explosivos, um após o outro, usando apenas os músculos da região inferior do abdome, sem voltar a inspirar.

EXERCÍCIO DE IMAGINAÇÃO ATIVA

Bala de canhão

Imagine um canal desobstruído ligando a boca do estômago à ponta da língua enquanto você emite *tohs* não vocálicos. Também pode ser útil imaginar os *tohs* como balas de canhão disparadas por esse canal que começa na boca do estômago e termina na ponta da língua.

No exercício a seguir, todas as contrações vigorosas (esvaziamento rápido) devem ser feitas apenas com os músculos da região inferior do abdome e da região lombar. Os únicos movimentos da região superior do tronco e do peito serão as reações naturais (e ligeiras) aos movimentos do abdome. Você não deve erguer nem mover bruscamente os ombros, a região superior das costas ou o peito.

1. Sente-se numa cadeira, mantendo a coluna reta. Ponha os pés no chão, com uma distância de quinze a vinte centímetros entre ambos, voltando os dedos ligeiramente para fora. Encoste as palmas das mãos na região inferior da parede abdominal, com as pontas dos dedos quase se tocando.

2. Encoste a ponta da língua atrás dos dentes da frente da arcada inferior. Expire pela boca, soltando o ar devagar por entre os lábios ligeiramente franzidos e contando 1-2-3-4-5-6. Ao mesmo tempo, esvazie a região inferior da parede abdominal, aplicando uma pressão extra com as pontas dos dedos.

3. Encoste a ponta da língua com firmeza atrás dos dentes da frente da arcada superior. Com a boca fechada, inspire pelo nariz, contando devagar 1-2-3-4-5. Ao mesmo tempo, infle a região inferior da parede abdominal.

4. Encoste a ponta da língua entre os dentes da frente das duas arcadas. Emita a sílaba *toh* explosivamente, deixando a mandíbula descer (veja Figura 17). Não retraia a língua, apenas desencoste sua ponta dos dentes enquanto solta a mandíbula. Simultaneamente, contraia com vigor a região inferior do abdome, pressionando-a com as pontas dos dedos para ajudar.

5. Expire o ar restante.

6. Repita quatro vezes as etapas de 3 a 5.

7. Relaxe e descanse por um momento.

8. Repita as etapas de 3 a 6, substituindo o som duplo *toh-toh* (*stacatto*) por um único *toh.*

9. Repita seis vezes a etapa 8.

10. Relaxe e repouse um instante.

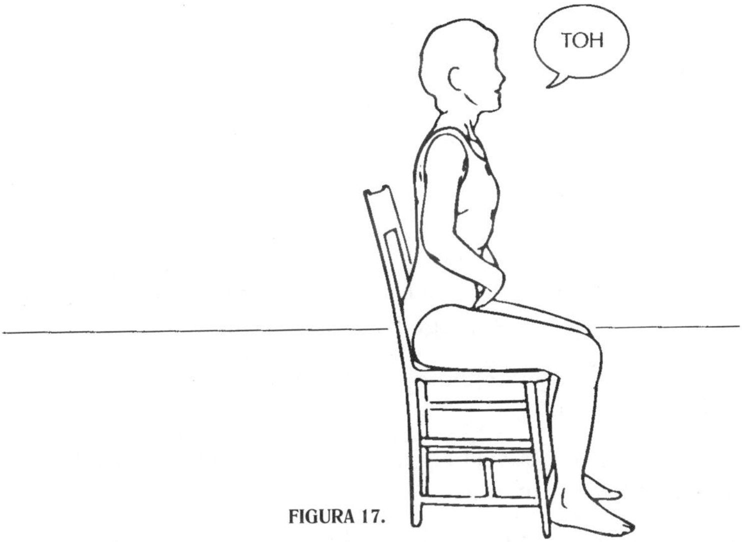

FIGURA 17.

EXERCÍCIO 2C

Controle da ponta e da raiz da língua

O propósito deste exercício é conscientizá-lo da energia do núcleo. O som *ts* é um sibilo não vocálico produzido por um fluxo contínuo de ar. Para emitir o *ts*, junte os dentes das duas arcadas, sem apertá-los. Encoste suavemente a ponta da língua atrás dos dentes da frente. É importante que a língua não exerça muita pressão sobre os dentes, para não ficar tensa nem contrair o pescoço. Expire num fluxo de ar contínuo, firme e ininterrupto, produzindo não um som de *se*, mas de *ts*.

Embora a pressão resulte do esvaziamento contínuo da região inferior da parede abdominal, é preciso cuidado para não contraí-la demais. Você pode contrabalançar essa tendência imaginando uma força em sentido contrário, como uma sensação de expansão, no interior do abdome enquanto o esvazia. Dessa forma, controla-se muito mais a pressão exercida sobre a parede abdominal.

1. Sente-se numa cadeira, mantendo a coluna reta e a cabeça ligeiramente inclinada para trás. Ponha os pés no chão, com uma distância de quinze a vinte centímetros entre ambos, e vire ligeiramente os dedos para fora. Encoste as palmas das mãos na região inferior da parede abdominal, com as pontas dos dedos quase se tocando.

2. Encoste suavemente a ponta da língua atrás dos dentes da frente da arcada inferior. Expire pela boca, soltando o ar devagar por entre os lábios ligeiramente franzidos e contando 1-2-3-4-5-6. Ao mesmo tempo, contraia a parede abdominal, aplicando uma pressão extra com as pontas dos dedos.

3. Encoste a ponta da língua com firmeza atrás dos dentes da frente da arcada superior. Inspire pelo nariz, contando devagar 1-2-3-4-5. Ao mesmo tempo, infle a região inferior do abdome.

4. Feche as arcadas, sem apertá-las. Encoste a ponta da língua atrás dos dentes da frente.

5. Expire com o som *ts* (veja Figura 18) enquanto faz alternadamente os seguintes movimentos:

   - Gire a cabeça uma vez no sentido horário e uma vez no sentido contrário.

   - Erga e solte os ombros duas vezes.

6. Ao sustentar o som *ts*, você sentirá um enrijecimento gradual de um ponto central no interior da região inferior do abdome. Isso significa que você está começando a localizar e a se conscientizar do núcleo. Continue produzindo o som contínuo *ts* até expirar todo o ar.

7. Prenda o fôlego por alguns segundos. Então, com uma pressão adicional das pontas dos dedos, dê mais um impulso para contrair os músculos abdominais e faça outro *ts*, para expelir todo o ar que ainda reste.

8. Imediatamente inspire fundo pelo nariz, encostando com firmeza a ponta da língua nos dentes da frente da arcada superior. Segure o ar por alguns segundos.
9. Expire e relaxe por um instante. Repita as etapas de 2 a 8.
10. Expire e descanse um momento. Passe para o próximo segmento.

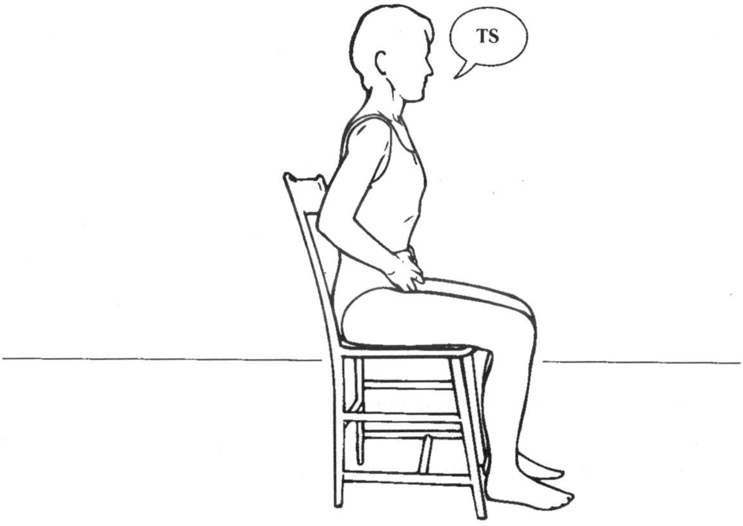

FIGURA 18.

EXERCÍCIO 2C - CONTINUAÇÃO

O propósito deste segmento é exercer um controle constante do núcleo — sentado, em pé, andando, correndo, saltando ou fazendo qualquer movimento.

Na etapa 6, tome cuidado ao se levantar para manter a pressão sobre o núcleo, ponto central da região inferior do abdome.

Nessa mesma etapa, preste atenção especial para não deixar que o ponto central suba para o peito, ombros ou pescoço. Uma pressão firme com as pontas dos dedos sobre a região inferior do abdome pode ajudá-lo a contrabalançar essa tendência.

1. Com a coluna ereta, sente-se diante de uma escrivaninha ou mesa. Ponha os pés no chão, um ligeiramente na frente do outro, apoiando o peso nos dedos como se você fosse levantar-se.
2. Coloque a mão direita (ou a esquerda, se você for canhoto) sobre a mesa. Ponha a outra mão na região inferior da parede abdominal.
3. Encoste de leve a ponta da língua nos dentes da frente da arcada inferior. Expire pela boca, soltando o ar por entre os lábios ligeiramente franzidos e contando 1-2-3-4-5-6. Ao mesmo tempo, contraia o músculo da região inferior do abdome, pressionando-o com as pontas dos dedos.
4. Encoste a língua com firmeza nos dentes da frente da arcada superior. Inspire profundamente pelo nariz e conte 1-2-3-4-5. Ao mesmo tempo, infle a região inferior do abdome.
5. Feche as arcadas, sem apertá-las. Encoste suavemente a língua nos dentes da frente, mantendo a pressão do ar na região inferior do abdome.
6. Expire produzindo o som *ts* descrito no Exercício 2A (veja Figura 19). Simultaneamente, levante-se, usando a mão que está sobre a mesa para manter o equilíbrio. Cuidado para não erguer os ombros nem se inclinar para a frente.
7. Já em pé, prossiga o som contínuo e firme de *ts*, usando os músculos da região inferior do abdome e da região lombar para apoiar a expiração (veja Figura 20).
8. Quando tiver expirado todo o ar, espere de dois a três segundos. Então, contraia com vigor a parede abdominal, esvaziando-a completamente para expelir o ar restante.
9. De imediato inspire profundamente pelo nariz, encostando com firmeza a ponta da língua nos dentes da frente. Sem se esforçar, segure a respiração por alguns segundos.
10. Expire e inspire lenta e profundamente três vezes, sempre fazendo os movimentos de inflar e esvaziar a região inferior do abdome.

11. Relaxe e descanse por um momento.

12. Repita duas vezes este exercício, fazendo uma pausa entre as repetições.

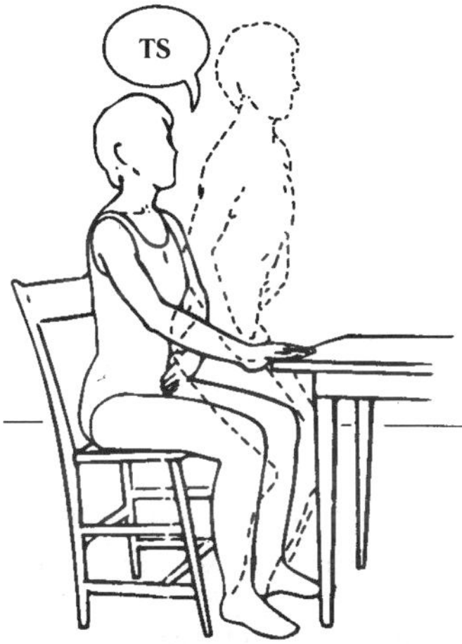

FIGURA 19.

FIGURA 20.

EXERCÍCIO 2D

Alongamento dos músculos da região inferior do tronco

Quando erguemos as mãos sobre a cabeça, alongamos o torso. Os exercícios anteriores devem ter alongado os flancos da região inferior do seu tronco, garantindo-lhe uma base estável e firme para este exercício.

Numa seqüência de movimentos da esquerda para a direita, durante a expiração, e para a frente e para trás, durante a inspiração, você aprenderá a esvaziar e tornar a encher um lado do tronco por vez. Com isso, você vai expirar e inspirar com maior ênfase.

1. Fique em pé, vire ligeiramente os pés para fora, mantendo entre ambos uma distância correspondente à largura dos ombros.

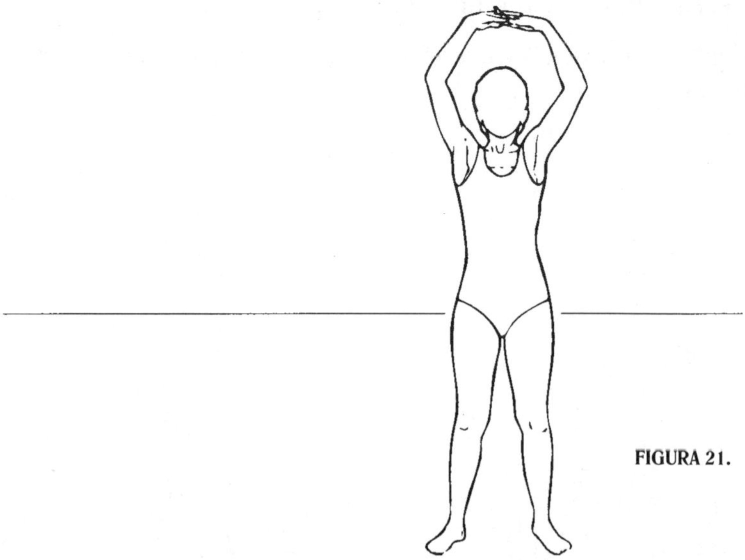

FIGURA 21.

2. Levante os braços acima da cabeça e entrelace os dedos, com as palmas das mãos voltadas para baixo, formando um arco (veja Figura 21).

3. Encoste levemente a ponta da língua nos dentes da frente da arcada inferior. Expire pela boca, soltando o ar com suavidade por entre os lábios ligeiramente franzidos e contando 1-2-3-4-5-6-7-8. Ao mesmo tempo:

   - Incline o arco em direção à cintura, esquerda-direita-esquerda-direita, durante a contagem 1-2-3-4, e esvazie devagar a região inferior do abdome (veja Figuras 22 e 23).

   - Retorne à posição descrita na etapa 2 ao contar 5-6.

4. Encoste com firmeza a ponta da língua nos dentes da frente da arcada superior. Inspire profundamente pelo nariz contando devagar 1-2-3-4-5. Ao mesmo tempo:

   - Curve a cintura para a frente, contando devagar 1-2, e para trás, contando devagar 3-4. Infle a região lombar e a do abdome (veja Figuras 24 e 25).

   - Volte à posição descrita na etapa 2 ao contar 5-6 (veja Figura 21).

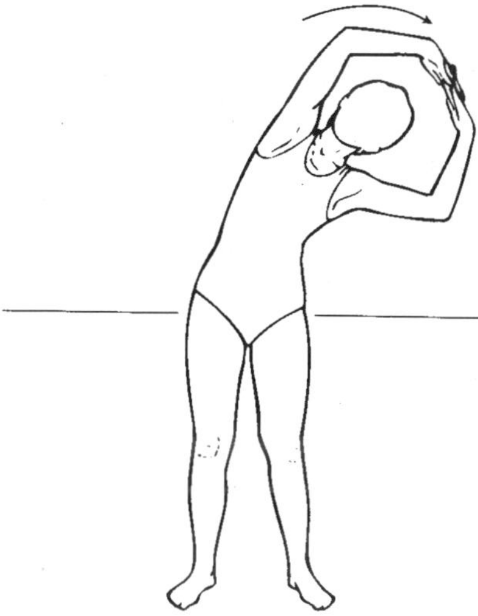

FIGURA 22.

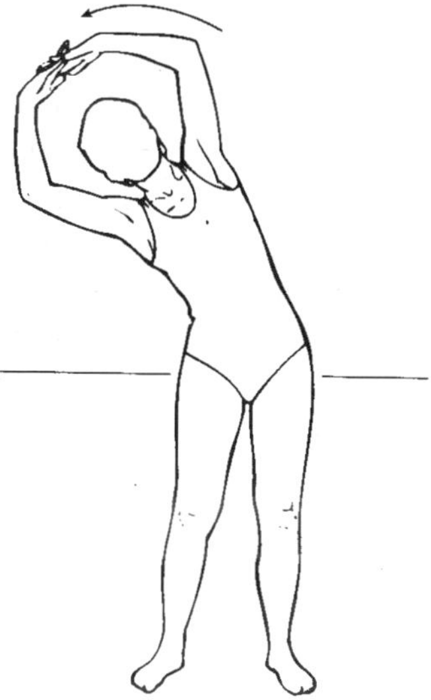

FIGURA 23.

5. Repita quatro vezes as etapas 3 e 4.
6. Expire pela boca na contagem lenta 1-2-3-4-5-6-7-8, enquanto esvazia a região inferior do abdome e abaixa os braços.
7. Inspire, relaxe e descanse.

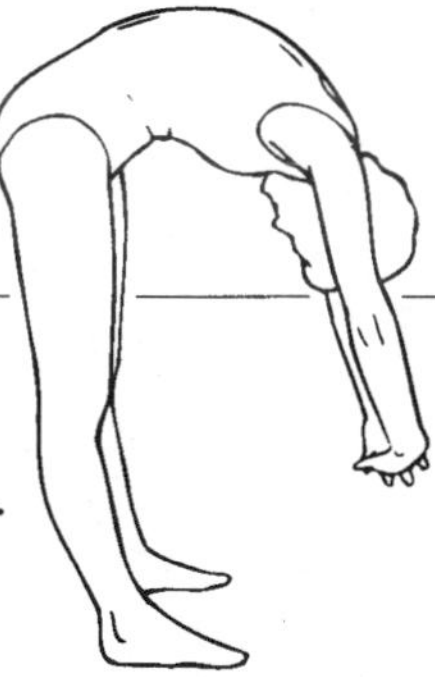

FIGURA 24.

FIGURA 25.

Reflexões sobre a Lição 2

A esta altura, é provável que a sensibilidade e a capacidade de seus músculos estejam aumentando e que a sua percepção do núcleo esteja ficando gradualmente mais acurada.

Os Exercícios 1A a 2D foram planejados para inflar e esvaziar o abdome ao máximo. Tendo sempre em mente a imagem do corpo como uma pirâmide, você deve começar a cultivar a sensação de estabilidade física.

E deve ser capaz de sentir o núcleo resplandecendo com a energia gerada em seu interior.

LIÇÃO 3

Como controlar a respiração

Para que possamos respirar adequadamente, é preciso que o pescoço, assim como a língua, permaneça inteiramente relaxado. Mas sem algum tipo de respiração abdominal fica difícil relaxar o pescoço. Para romper esse círculo vicioso, você deve seguir um método que se concentre no desenvolvimento dessas habilidades alternadamente, de modo que uma reforce a outra.

Não é fácil eliminar a tensão indesejável no pescoço, língua ou ombros. Essa tensão deve ser drenada para um ponto onde possa receber um tratamento adequado para se transformar em energia utilizável. Esse ponto é o núcleo. Só eliminamos as tensões com eficácia quando nos conscientizamos do núcleo. Esta lição também restabelece a ligação entre a língua e o núcleo, por meio da revisão do Exercício 2B.

De agora em diante, nós não o instruiremos mais para descansar entre os exercícios. As suas condições físicas determinarão o momento e a duração do repouso.

O exercício de imaginação ativa "Fita elástica" o ajudará a relaxar os músculos do pescoço, do peito e das costas. Você se sentirá mais alto, aprumado e livre de tensão muscular, principalmente na área do pescoço.

EXERCÍCIO DE IMAGINAÇÃO ATIVA

Fita elástica

Visualize a sua coluna, que tem a propriedade de se curvar em qualquer direção. Imagine duas fitas elásticas, a primeira se estendendo do queixo até a região inferior do abdome, e a segunda começando no alto da cabeça (parte de trás) e terminando na região lombar. Com o queixo bem erguido, curve-se para trás e sinta a fita elástica da frente se esticar ao máximo. Com a cabeça abaixada, curve-se para a frente e sinta a fita elástica das costas esticar-se ao máximo.

Imagine que essas fitas são extremamente firmes e rígidas. Você as estica e relaxa conforme se curva para trás e para a frente.

EXERCÍCIO 3A

Canalização da respiração para a região inferior do tronco

Todos nós deveríamos nos sentir confortáveis quando deitados. Contudo, muitas pessoas não conseguem relaxar nessa posição o suficiente para adormecer. Para eliminar a tensão indesejável, concentre-se no núcleo e canalize a respiração para esse ponto, criando um centro magnético onde todas as tensões se concentram e são dissipadas ou transformadas. Neste exercício, a tensão é enviada para o núcleo e empregada para flexionar os joelhos e trazer os pés para junto do corpo. Quando encostamos os joelhos no peito, enfatizamos ainda mais a participação da região lombar na respiração abdominal.

1. Deite-se no chão ou na cama e junte os pés. Pouse as palmas das mãos a uma distância de trinta a 35 centímetros de cada lado do corpo (veja Figura 26).

2. Flexione os joelhos e faça os pés deslizarem pelo chão (ou pela cama), aproximando-os o máximo possível do corpo (veja Figura 27).

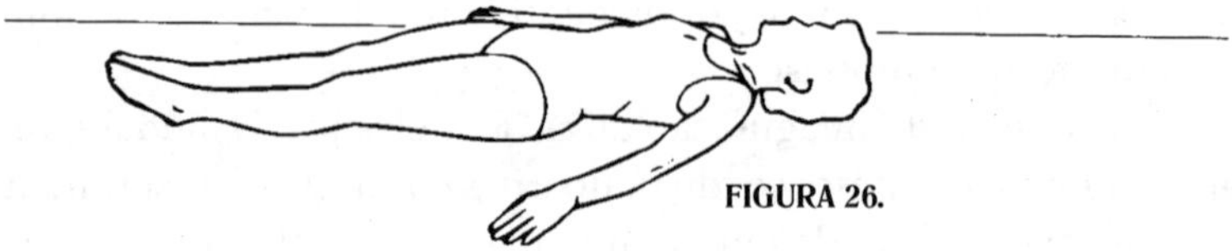

FIGURA 26.

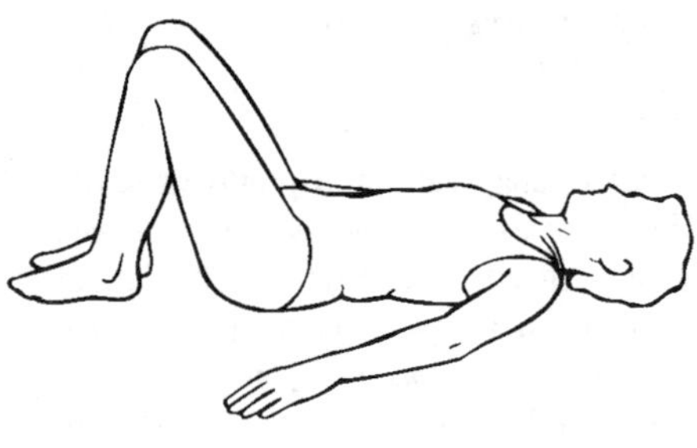

FIGURA 27.

3. Encoste a ponta da língua nos dentes da frente da arcada inferior. Expire contando 1-2, soltando o ar em duas exalações vigorosas (uma para cada número). Ao mesmo tempo, esvazie a região inferior do abdome e:

- Na primeira exalação, aproxime os joelhos do peito o máximo possível, levantando os pés (veja Figura 28).
- Na segunda exalação, leve os pés de volta à posição anterior (veja Figura 27).

4. Encoste a ponta da língua nos dentes da frente da arcada superior. Inspire pelo nariz em duas inalações vigorosas (uma para cada número). Ao mesmo tempo, infle a região inferior do abdome e:

- Na primeira inalação, aproxime os joelhos do peito o máximo possível, levantando os pés (veja Figura 28).
- Na segunda inalação, leve os pés de volta à posição anterior (veja Figura 27).

5. Repita dez vezes as etapas 3 e 4, num movimento contínuo como o vaivém de um balanço.

6. Expire enquanto estica as pernas, retornando à posição inicial.

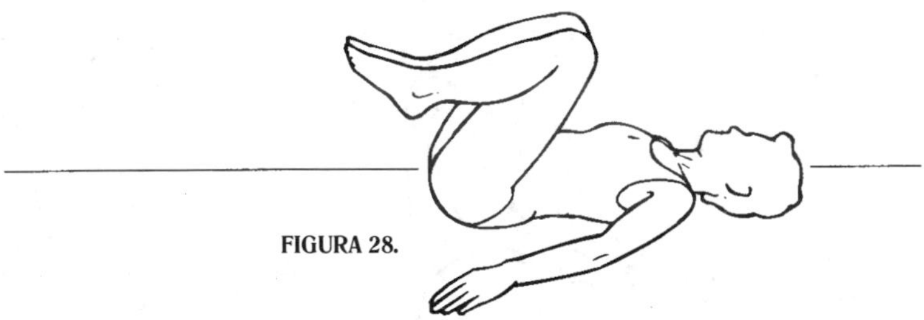

FIGURA 28.

EXERCÍCIO 3B

Alívio da tensão no pescoço

Este exercício visa alongar a coluna, os músculos e os tendões das costas enquanto se controla a respiração. Quando abraçamos as pernas por sob os joelhos, como na etapa 3, alongamos os músculos das costas e dos flancos, aliviando a tensão nos ombros. Quando curvamos a cabeça e encostamos o rosto nos joelhos, aumentamos a extensão das costas e da nuca.

Quando nos enrodilhamos como uma bola, contraindo o estômago, a expiração encurta ainda mais a parede abdominal. Nessa posição, alongamos as costas e contraímos ao máximo a parte da frente do tronco. E também enviamos o máximo de ar para a região lombar, enquanto diminuímos seu fluxo para a região frontal. Posições extremas como essa servem para desenvolver a agilidade.

1. Com a coluna ereta, sente-se no chão e estique as pernas para a frente. Tomando cuidado para não curvar a coluna, junte os pés e estique os dedos para a frente. Mantenha a cabeça aprumada, sem abaixar o queixo. Pouse a palma das mãos sobre os joelhos (veja Figura 29).

2. Flexione os joelhos, fazendo os pés deslizarem na direção do corpo (veja Figura 30).

FIGURA 29.

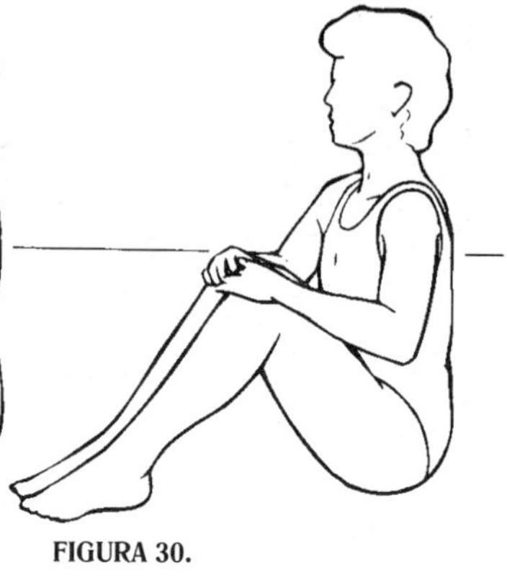

FIGURA 30.

3. Abrace as pernas por sob os joelhos. Com a mão direita, segure o cotovelo esquerdo ou a área mais próxima dele que você conseguir. Com a mão esquerda, segure o cotovelo direito ou a área mais próxima dele que você conseguir (veja Figura 31).
4. Curve a cabeça e encoste o rosto nos joelhos, ou aproxime o rosto dos joelhos o máximo que você conseguir sem desconforto (veja Figura 32).
5. Encoste a ponta da língua nos dentes da frente da arcada inferior. Expire pela boca, soltando o ar por entre os lábios ligeiramente franzidos, durante a contagem 1-2-3-4-5-6. Ao mesmo tempo, esvazie por completo a região inferior do abdome.
6. Prenda o fôlego e permaneça imóvel por um instante.
7. Encoste a língua nos dentes da frente da arcada superior. Inspire pelo nariz durante a contagem 1-2-3-4-5-6-7, enquanto infla a região inferior do abdome. Ao inspirar, pense na região inferior do tronco como um balão que você infla ao inspirar de modo contínuo, contando 1-2-3-4-5. Nos dois últimos números, faça um esforço adicional para inflar completamente o balão, usando os músculos dos flancos e da região lombar.

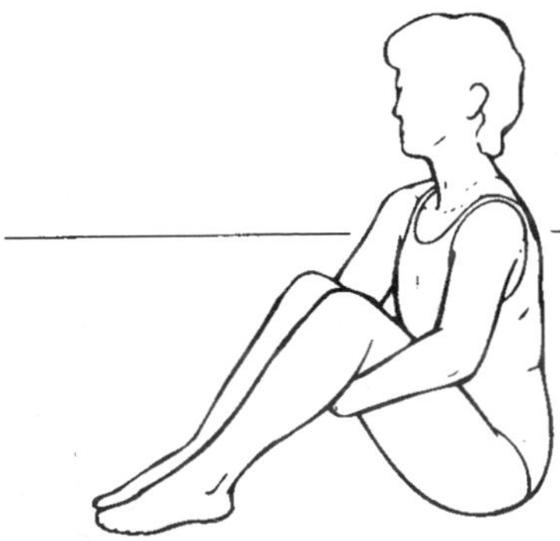

FIGURA 31.

FIGURA 32.

8. Repita três vezes as etapas de 5 a 7.

9. Lentamente, estenda as pernas para a frente e aprume o pescoço e o corpo, liberando toda a tensão muscular.

10. Relaxe as articulações. Gire diversas vezes a cabeça no sentido horário e no anti-horário. Em seguida, relaxe por um momento antes de iniciar o próximo segmento.

EXERCÍCIO 3B - CONTINUAÇÃO

1. Com a coluna ereta, sente-se no chão e separe as pernas o máximo que você conseguir sem desconforto. Pouse as palmas das mãos sobre os joelhos (veja Figura 33).

2. Flexione os joelhos num ângulo aproximado de 120 graus, fazendo os pés deslizarem na direção do corpo. Mantenha-os bem separados e pousados no chão (veja Figura 34).

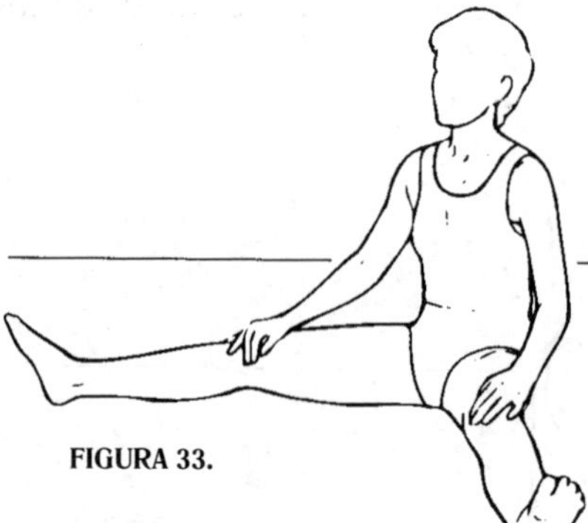

FIGURA 33.

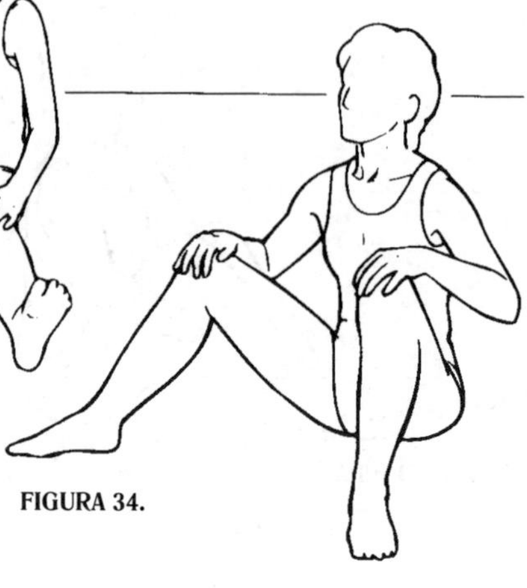

FIGURA 34.

3. Incline o corpo para a frente. Estique os braços ao longo das pernas e segure gentilmente os tornozelos (ou a região das pernas mais próxima que lhe for possível), mantendo os cotovelos para fora.

4. Deixe a cabeça pender na direção do chão.

5. Encoste a língua nos dentes da frente da arcada inferior. Expire pela boca, soltando o ar por entre os lábios ligeiramente franzidos durante a contagem 1-2-3-4-5-6. Ao mesmo tempo:

   - Ao contar 1 e 2, gire a cabeça para a direita duas vezes em amplos círculos.
   - Ao contar 3, deixe a cabeça pender para a frente, na direção do chão.
   - Ao contar 4 e 5, gire a cabeça para a esquerda duas vezes em amplos círculos.
   - Ao contar 6, deixe a cabeça pender para a frente, em direção ao chão.

Todos esses movimentos devem ser executados enquanto você esvazia lentamente a parede das regiões abdominal e lombar (veja Figura 35).

6. Encoste a ponta da língua nos dentes da frente da arcada superior. Inspire pelo nariz, contando devagar 1-2-3-4. Ao mesmo tempo, esvazie a região inferior do abdome e a lombar.

7. Repita três vezes as etapas 5 e 6.

8. Solte os tornozelos, estique as pernas, deite-se de costas no chão e relaxe.

FIGURA 35.

Quando nos sentamos com a coluna reta e os pés separados o máximo possível, concentramos a atenção na região inferior do abdome, onde se localiza o núcleo. Ao flexionar os joelhos com as pernas bem separadas, ficamos mais conscientes da região lombar. Colocando as mãos nos joelhos, não só mantemos o equilíbrio como também abaixamos e relaxamos os ombros e os músculos peitorais. Mantenha os ombros relaxados ao flexionar os joelhos e levar as mãos até os tornozelos.

Girando a cabeça com uma postura sempre solta e relaxada, você garante o relaxamento do pescoço enquanto usa a região lombar para controlar energicamente a respiração.

REVISÃO RECOMENDADA EXERCÍCIOS 1B E 2B

Para fazer os exercícios desta lição, você deve estar bem consciente da relação entre a língua e o ato de respirar enviando o ar até o núcleo, de onde ele é expelido. Releia o material introdutório da Lição 2 antes de rever o Exercício 2B.

A revisão do Exercício 1B lhe dá a oportunidade de relaxar a região inferior do tronco e de se concentrar no núcleo. E também o ajuda a soltar os músculos da região inferior do tronco e os tendões da nuca, preparando-o para o Exercício 3C.

EXERCÍCIO 3C

Alívio da tensão no pescoço e nos ombros

Quando balançamos os braços, relaxamos os ombros e soltamos a base do pescoço. Os braços devem pender e oscilar com liberdade. É preferível deixá-los ligeiramente curvados, como é sua tendência natural, para manter soltas as articulações dos cotovelos.

Os músculos do pescoço não devem ficar tensos durante os alongamentos alternados do pescoço. Relaxe!

1. Fique em pé, observando uma distância de trinta a 35 centímetros entre os pés ligeiramente virados para fora.

2. Abaixe os ombros e solte suas articulações. Deixe os braços penderem dos lados (veja Figura 36). Alongue o pescoço.

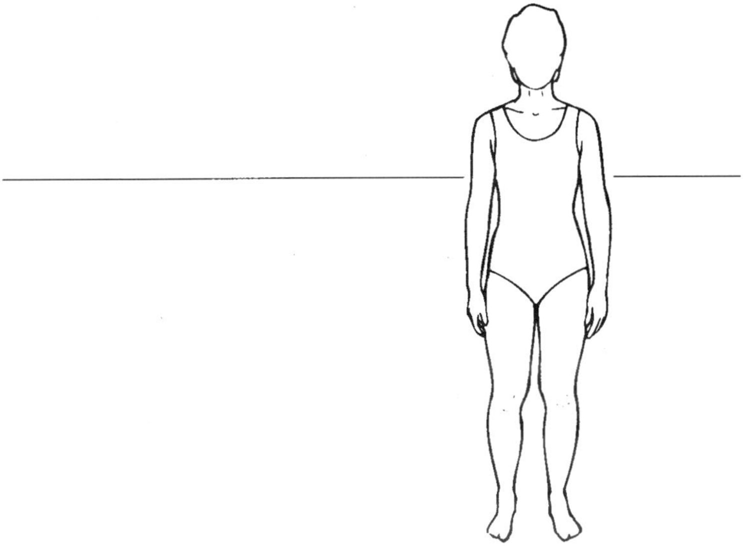

FIGURA 36.

3. Encoste a ponta da língua com firmeza atrás dos dentes da frente da arcada inferior. De modo lento e suave, incline ao máximo a cabeça para trás, para alongar toda a área compreendida entre a parte da frente do pescoço e o núcleo. Expire pela boca, soltando o ar com vigor por entre os lábios ligeiramente franzidos. Ao mesmo tempo, conte devagar 1-2 enquanto esvazia a região inferior do abdome, seguindo as instruções abaixo:

- Ao contar 1, balance os braços para a esquerda, erguendo as mãos até o nível da cintura (veja Figura 37).
- Ao contar 2, balance os braços para a direita, erguendo as mãos até o nível da cintura (veja Figura 38).

4. Encoste a ponta da língua nos dentes da frente da arcada superior. Abaixe a cabeça o máximo possível para alongar a nuca. Inspire vigorosamente pelo nariz contando devagar 1-2, enquanto infla a região inferior, seguindo as instruções abaixo:

- Ao contar 1, balance os braços para a esquerda, elevando as mãos até o nível da cintura (veja Figura 39).

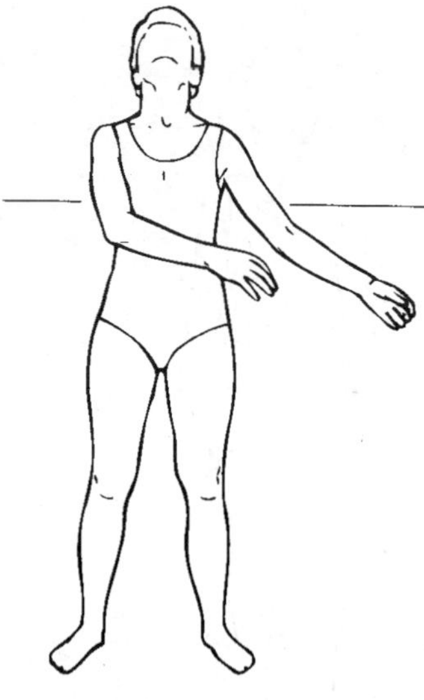

FIGURA 37.

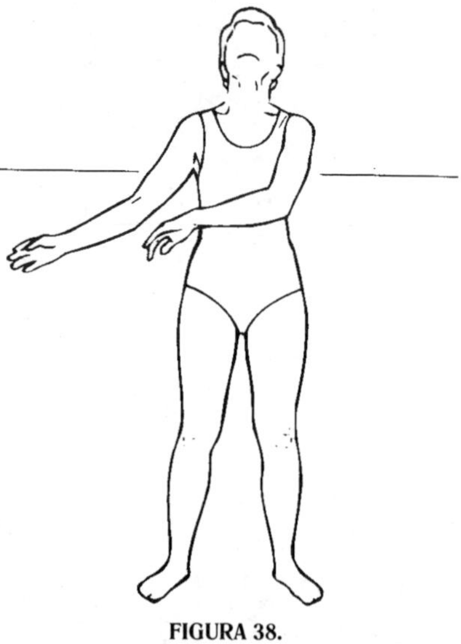

FIGURA 38.

- Ao contar 2, balance os braços para a direita, elevando as mãos até o nível da cintura (veja Figura 40).

5. Repita sete vezes as etapas 3 e 4.

6. Volte para a posição original.

7. Relaxe por um instante e inicie o próximo segmento.

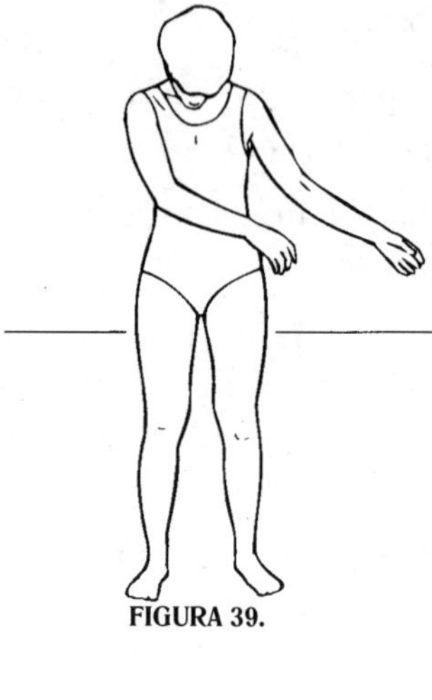

FIGURA 39.

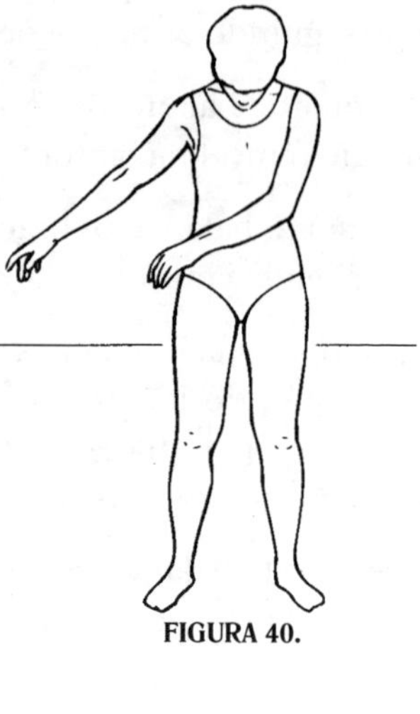

FIGURA 40.

EXERCÍCIO 3C - CONTINUAÇÃO

Quando balançamos os braços para a frente e para trás, como indicado neste segmento, relaxamos a parte da frente e a de trás da caixa torácica.

1. Fique de pé, observando uma distância de 25 a trinta centímetros entre os pés ligeiramente virados para fora.
2. Abaixe os ombros e solte suas articulações. Deixe os braços penderem dos lados (veja Figura 36). Alongue o pescoço.
3. Encoste a ponta da língua atrás dos dentes da frente da arcada inferior. Incline ao máximo a cabeça para trás, para alongar toda a área compreendida entre o queixo e o núcleo. Expire pela boca, soltando o ar com vigor por entre os lábios ligeiramente franzidos. Ao mesmo tempo, conte devagar 1-2 enquanto esvazia a região inferior do abdome, seguindo as instruções abaixo:

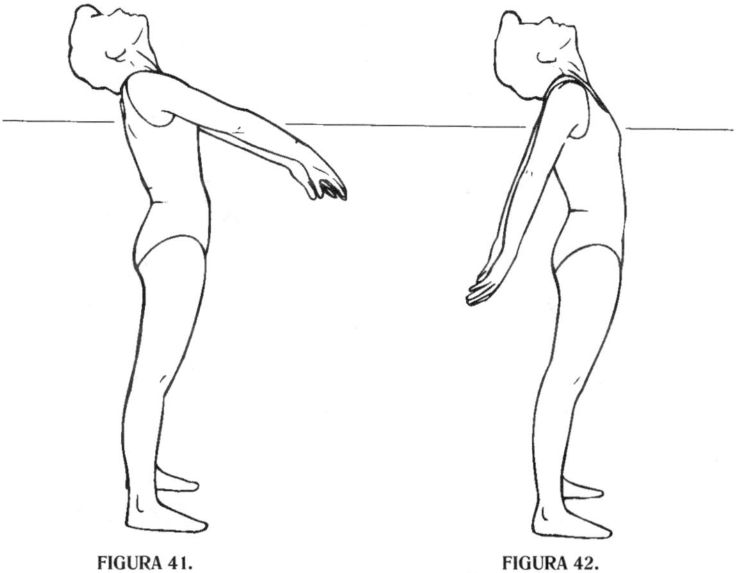

FIGURA 41.　　FIGURA 42.

- Ao contar 1, balance os braços para a frente, erguendo as mãos até o nível do ombro (veja Figura 41).

- Ao contar 2, balance os braços para trás, erguendo-os o máximo possível (veja Figura 42).

4. Encoste a ponta da língua nos dentes da frente da arcada superior. Abaixe a cabeça o máximo possível para alongar a nuca. Inspire vigorosamente pelo nariz contando devagar 1-2 enquanto infla a região inferior do abdome, seguindo as instruções abaixo:

   - Ao contar 1, balance os braços para a frente, elevando as mãos até o nível do ombro (veja Figura 43).

   - Ao contar 2, balance os braços para trás, erguendo-os o máximo possível (veja Figura 44).

5. Repita sete vezes as etapas 3 e 4.

6. Relaxe girando as articulações dos ombros e sacudindo suavemente os braços e as pernas.

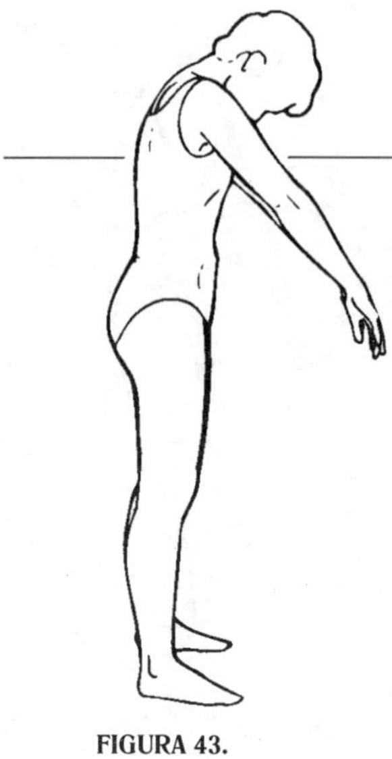

FIGURA 43.

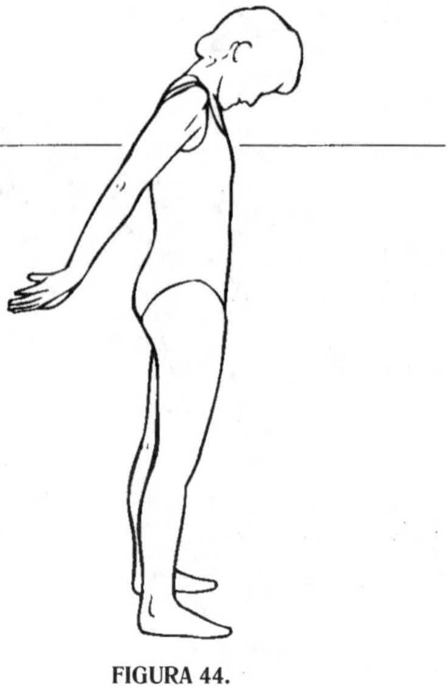

FIGURA 44.

EXERCÍCIO 3D

Canalização da respiração para o núcleo

Este longo e detalhado exercício é dividido em duas partes. As etapas de 1 a 7 têm por objetivo mostrar a localização do núcleo de modo mais preciso, por meio do movimento de arquear a coluna para trás, que faz a região inferior da parede abdominal se alongar quando se esvazia, durante a expiração. Esse movimento propicia uma grande consciência do núcleo. Depois que a região inferior do abdome estiver completamente vazia, você a expandirá com força, dirigindo um longo jato de ar para o núcleo e para a área ao redor. As etapas de 8 a 10 aproveitam as técnicas aprendidas na Lição 1, repetindo a respiração profunda numa posição ereta e relaxada. Leia várias vezes as instruções para entender as etapas e executar o exercício com facilidade e conforto.

1. Fique em pé, observando uma distância de trinta a 35 centímetros entre os pés ligeiramente virados para fora. Ponha as palmas das mãos na região inferior da parede abdominal, com os dedos quase se tocando (veja Figura 45).

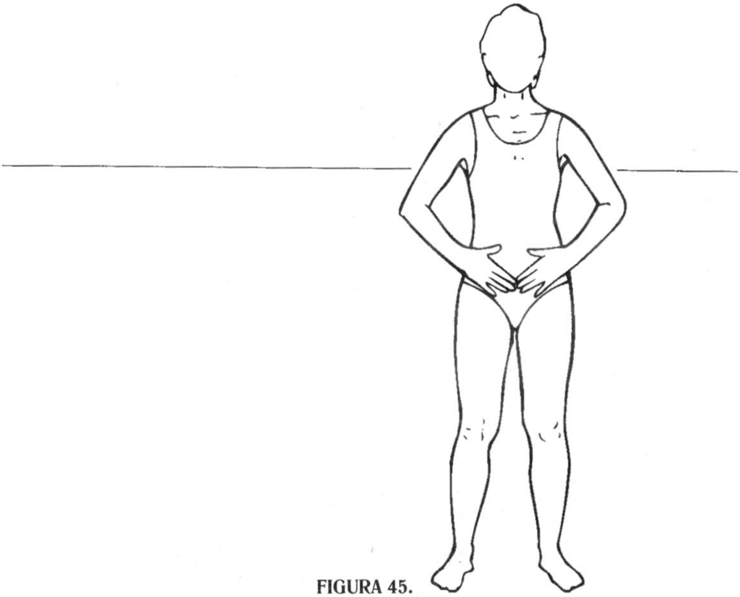

FIGURA 45.

2. Encoste a ponta da língua nos dentes da frente da arcada inferior. Expire pela boca, soltando o ar por entre os lábios ligeiramente franzidos, durante a contagem 1-2-3-4-5-6-7-8-9-10-11-12. Ao mesmo tempo, esvazie de maneira gradual a região inferior do abdome, contraindo-a com um último impulso para expelir o ar restante.

3. Prenda o fôlego por alguns segundos. Em seguida, incline a cabeça para trás, de modo que o queixo aponte para cima (veja Figura 46). As etapas de 3 a 5 são executadas em apenas alguns segundos, de forma que não é necessário inspirar.

4. Junte as mãos atrás das costas, entrelaçando os dedos. Apóie as mãos entrelaçadas nas nádegas (veja Figura 47).

5. Curve-se gradualmente para trás enquanto empurra as mãos entrelaçadas para baixo, erguendo o queixo sem abrir a boca. Cuidado para não dobrar os joelhos (veja Figura 48). Nessa posição, você terá uma sensação muito forte na região inferior do abdome.

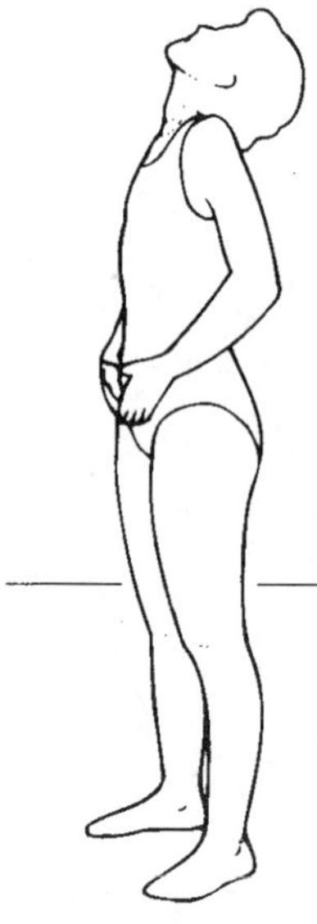

FIGURA 46.

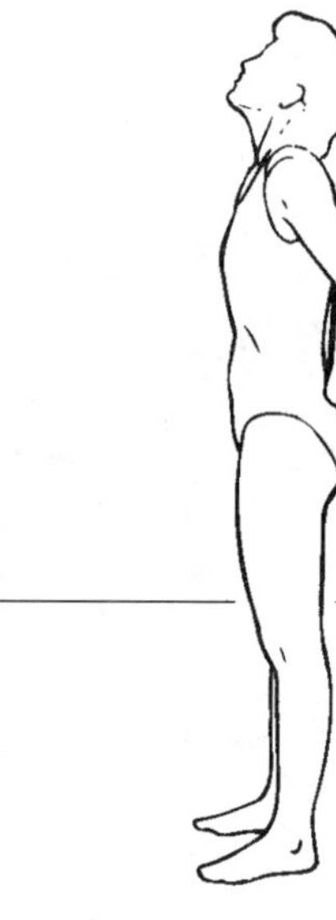

FIGURA 47.

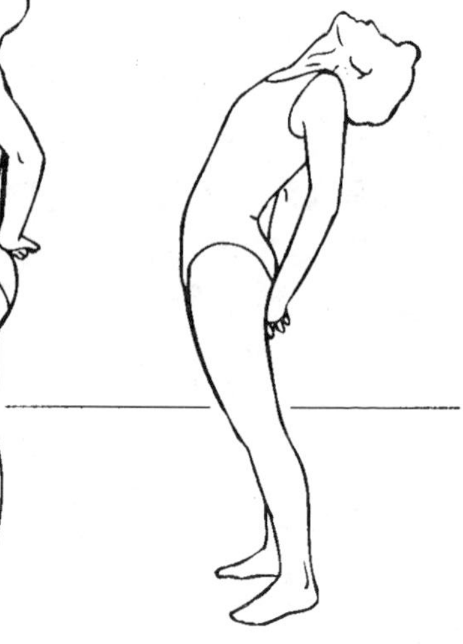

FIGURA 48.

6. Contraia vigorosamente os músculos da região inferior do abdome para expelir o ar restante.
7. De imediato relaxe a língua e encoste sua ponta nos dentes da frente da arcada superior. Inspire pela boca, inflando completamente o núcleo (região inferior do abdome). Segure a respiração por alguns segundos, deixando o ar penetrar e permanecer no núcleo.

Antes de você prosseguir para a segunda parte do Exercício 3D, convém adverti-lo para não tentar, na etapa 8, contrair exageradamente a região inferior do abdome para expelir o ar. Esse esforço excessivo poderia mudar o foco para o peito, desfazendo inteiramente o trabalho de conscientização do núcleo e de envio do ar para esse ponto.

8. Libere toda a tensão muscular. Volte lentamente para a posição original, deixando os braços penderem ao lado do corpo. Encoste a ponta da língua nos dentes da frente da arcada inferior. Expire devagar pela boca, mantendo a sensação de estar apoiado no núcleo. Pare a expiração quando sentir que o ar foi expelido por completo da região inferior do abdome.
9. Mantendo a língua relaxada, encoste sua ponta nos dentes da frente das duas arcadas, que devem estar entreabertas. Inspire devagar e profundamente pelo nariz, enquanto infla a região inferior do abdome. Continue com a ponta da língua encostada nos dentes, na mesma posição. Expire devagar e profundamente pelo nariz enquanto esvazia a região inferior do abdome.
10. Repita três vezes a etapa 9.
11. Relaxe e descanse.
12. Repita duas ou três vezes este exercício, da etapa 1 à 11. Descanse depois de cada repetição.

Reflexões sobre a Lição 3

Tendo completado a Lição 3, você agora deve estar apto a aplicar a técnica de respiração abdominal profunda para melhorar a respiração diária. Use a posição da língua descrita na etapa 9 do Exercício 3D na respiração cotidiana. Por exemplo, ao ver TV, andar, praticar exercícios ou simplesmente relaxar, infle e esvazie a região inferior do abdome. Lembre-se, inflamos para inspirar e esvaziamos para expirar. Quanto mais você praticar, mais natural ficará esse procedimento.

Como a respiração profunda estimula e fortalece o núcleo, é aconselhável fazê-la com a maior freqüência possível. A esta altura, você já deve ser capaz de sentir sem grande esforço o ponto onde o núcleo está localizado. Pense sempre nesse ponto e familiarize-se com sua presença.

LIÇÃO 4

Como variar e estender a respiração

Todos os exercícios deste livro foram cuidadosamente planejados para atingir objetivos específicos. É impossível projetar exercícios ou lições especiais para atender a cada necessidade individual. Você agora já aprendeu o suficiente de *chi yi* para ter a liberdade de repetir os exercícios que julgar particularmente benéficos, mesmo que a lição não faça essa indicação. Mas cuidado para não se esforçar demais. Descanse bastante entre os exercícios. Pare para repousar se sentir tontura.

Na Lição 4 e nas posteriores, a menos que haja instrução em contrário, o termo *inspiração* sempre significará inalar o ar pelo nariz com a ponta da língua encostada nos dentes da frente da arcada superior, e *expiração* significará expelir o ar devagar por entre os lábios ligeiramente franzidos, com a ponta da língua encostada de leve nos dentes da frente da arcada inferior.

As posições da língua durante a inspiração e a expiração podem agora ser adotadas com maior naturalidade, desde que a língua permaneça relaxada e flexível, não obstrua a passagem do ar nem se retraia ou forme uma protuberância. Ao revisar o Exercício 2C nesta lição, use a seguinte imagem:

EXERCÍCIO DE IMAGINAÇÃO ATIVA

Pipa

Imagine-se controlando a língua como se fosse uma pipa. Nós usamos um fio para manejar a pipa e, para fazê-lo bem sob as mais variadas condições de direção e intensidade do vento, precisamos de grande habilidade manual.

Do mesmo modo, a capacidade da língua depende muito de usarmos o núcleo para controlá-la. Imagine-a como se fosse uma pipa e use o núcleo, o centro da região inferior do seu abdome, para manejá-la. Você descobrirá que é possível otimizar a sensibilidade e o desempenho da língua. Recorra a essa imagem ao rever o Exercício 2C.

REVISÃO RECOMENDADA EXERCÍCIOS 3A, 3B E 2C

A Lição 4 se inicia revendo a respiração apoiada, explorando quatro posições diferentes: deitado, sentado no chão, sentado na cadeira e em pé. Essa sessão de revisão é bastante vigorosa. Não exija demais de si mesmo e faça um bom intervalo de descanso antes de começar o Exercício 4A. Repita cada exercício da revisão tantas vezes quantas forem necessárias para você dominá-lo inteiramente.

EXERCÍCIO 4A

Flexibilização dos músculos da região inferior do abdome e da região lombar

A posição indicada neste exercício é ótima para alongar completamente os tendões e músculos dos pés e das pernas. A sensação de alongamento se estende até a base do tronco (a região inferior do abdome). Ao se curvar para a frente, você estende ainda mais essa sensação, levando-a à nuca e até mesmo ao topo da cabeça. O seu corpo inteiro fica em estado de atenção. Concentre essa atenção no núcleo, pois isso o induzirá a usar o núcleo para inspirar e expirar.

1. Ajoelhe-se no chão com os joelhos unidos; mantenha a coluna ereta e sente-se sobre os tornozelos. Ponha as palmas das mãos no colo, com os dedos para a frente — os polegares na direção do corpo. Mantenha os cotovelos virados para fora. Abaixe e relaxe os ombros. Mantenha a cabeça aprumada, tomando cuidado para não abaixar o queixo (veja Figura 49). (Se essa posição for difícil para você, coloque um travesseiro ou almofada sobre os tornozelos e sente-se.)

2. Expire contando 1-2-3-4-5-6-7-8-9-10, enquanto segue as instruções abaixo (veja Figura 50):

   - Incline-se para a frente a partir do quadril e curve as costas.

   - Mova lentamente a cabeça até o chão, ou o mais perto disso que você conseguir.

FIGURA 49.

FIGURA 50.

3. Inspire rapidamente contando 1-2-3, enquanto segue as instruções abaixo:

- Endireite a coluna, voltando à posição original (veja Figura 51).
- Expanda as regiões inferior e laterais do abdome. Não levante os ombros nem o peito. Endireite o pescoço e erga ligeiramente a cabeça.

4. Repita cinco vezes as etapas 2 e 3.

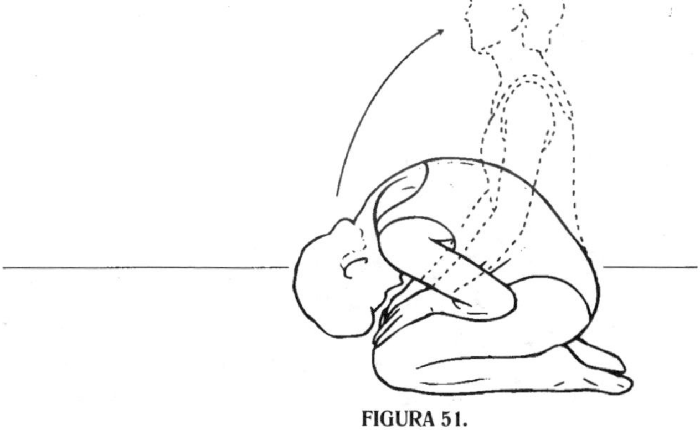

FIGURA 51.

5. Sente-se, respire normalmente, relaxe por um instante e inicie o próximo segmento.

EXERCÍCIO 4A - CONTINUAÇÃO

Este segmento expande a região lombar. Na expiração, quando nos sentamos com a coluna reta e esvaziamos todos os lados do tronco, nós nos preparamos para a inspiração. Na inspiração, quando nos curvamos para a frente, o ar preenche significativamente a região lombar, enquanto a região inferior do abdome se contrai.

1. Ajoelhe-se no chão com os joelhos unidos; mantenha a coluna ereta e sente-se sobre os tornozelos. Ponha as palmas das mãos no colo, com os dedos para a frente — os polegares na direção do corpo. Mantenha os cotovelos virados para fora. Abaixe e relaxe os ombros. Mantenha a cabeça aprumada, tomando cuidado para não abaixar o queixo (veja Figura 52).

2. Expire lentamente contando 1-2-3-4-5-6-7-8-9-10-11-12, enquanto esvazia a região inferior do abdome.

3. Inspire contando devagar 1-2-3, enquanto segue as instruções abaixo (veja Figura 53):

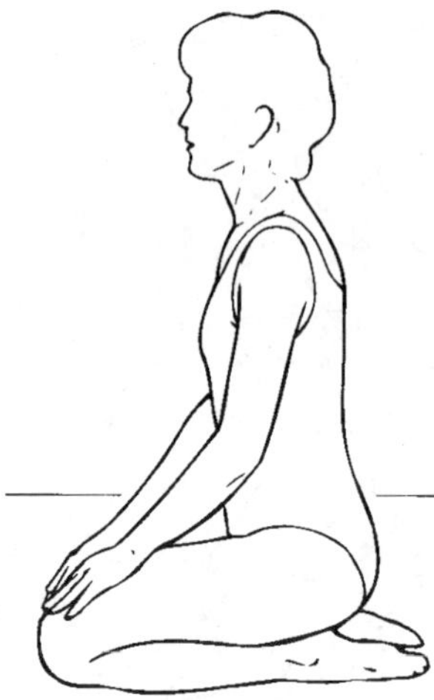

FIGURA 52.

FIGURA 53.

- Incline-se para a frente a partir do quadril e curve as costas.
- Expanda a região lombar e os flancos.

4. Expire lentamente contando 1-2-3-4-5-6-7-8-9-10, enquanto segue as instruções abaixo:

- Endireite a coluna, voltando à posição original (veja Figura 54).
- Esvazie a região inferior do abdome, a lombar e os flancos.

5. Repita cinco vezes as etapas 3 e 4.
6. Inspire e volte à posição da etapa 1.
7. Expire e relaxe.

Observação: Para ajudá-lo a visualizar a respiração profunda, que implica inflar e esvaziar simultaneamente a região inferior do abdome, a região lombar e os flancos, de agora em diante daremos a essas áreas a designação de *circunferência inferior*, sempre que forem acionadas como um todo.

REVISÃO RECOMENDADA EXERCÍCIOS 3B E 3C

Como preparação para os exercícios 4C e 4D, essa revisão serve prin-

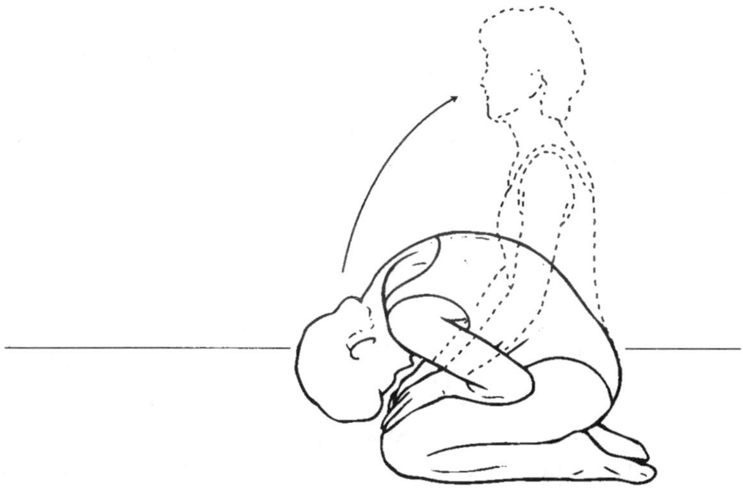

FIGURA 54.

cipalmente para reavivar a sua memória no que se refere ao relaxamento do pescoço e dos ombros sem perda da percepção do núcleo, ponto focal do fluxo da respiração.

EXERCÍCIO 4B

Flexibilização dos músculos da região lombar e dos flancos

Assim como o Exercício 3A, o Exercício 4B visa desenvolver um controle consciente da técnica de respiração apoiada, explorando a posição horizontal. Este exercício também desenvolve os flancos da região inferior do tronco.

A prática do *chi yi* na posição horizontal e com o tronco flexionado para o lado desenvolve a capacidade de respirar adequadamente nessa posição mesmo quando sentado, em pé ou em movimento.

1. Deite-se de costas no chão, observando uma distância de cinqüenta a 55 centímetros entre os pés, com os dedos apontados para o alto. Abra os braços, com as palmas das mãos para cima (veja Figura 55).

2. Expire até esvaziar completamente o abdome.

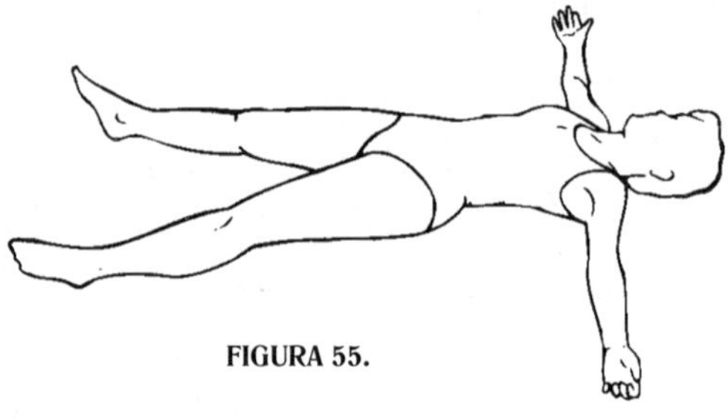

FIGURA 55.

3. Inspire profundamente enquanto segue as instruções abaixo (veja Figura 56):

   - Erga o braço direito e mova-o para a esquerda, traçando um semicírculo no ar, até encostar as palmas das mãos. Ao mesmo tempo, gire a cabeça para a esquerda.

- Infle o abdome, expandindo a região lombar e os flancos.
- Mantenha os dois tornozelos imóveis no chão.

4. Expire completamente enquanto segue as instruções abaixo:
    - Leve o braço direito de volta à posição original.
    - Volte a cabeça para a posição original (veja Figura 55).
    - Esvazie a região inferior do abdome.

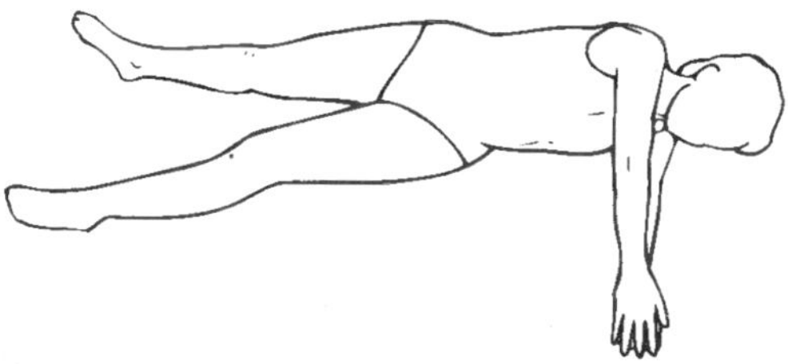

FIGURA 56.

5. Inspire profundamente enquanto segue as instruções abaixo (veja Figura 57):
    - Erga o braço esquerdo e mova-o para a direita, traçando um semicírculo no ar, até encostar as palmas das mãos. Ao mesmo tempo, vire a cabeça para a direita.
    - Infle o abdome, expandindo a região lombar e os flancos.
6. Expire completamente enquanto segue as instruções abaixo:
    - Leve o braço esquerdo de volta à posição original (veja Figura 55).
    - Volte a cabeça para a posição original.
    - Esvazie a região inferior do abdome.
7. Repita cinco vezes as etapas de 3 a 6.

8. Relaxe.

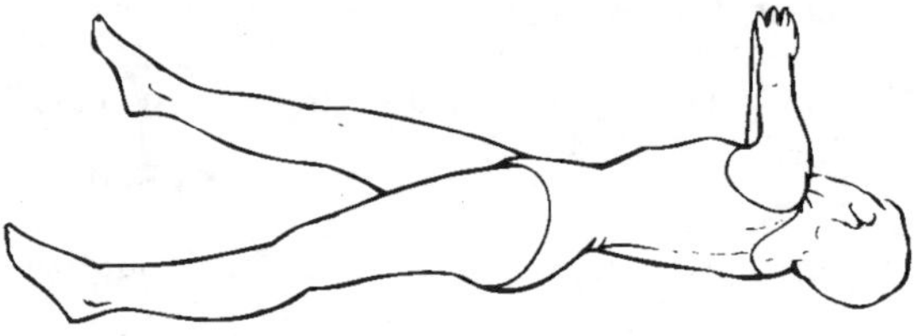

FIGURA 57.

EXERCÍCIO 4C

Desenvolvimento da agilidade dos músculos do abdome e da região lombar

Depois de completar os exercícios de relaxamento do pescoço, ombros e região superior do tronco, você agora já pode acrescentar movimentos que relaxem também a língua.

Sem tensão no pescoço, nos ombros e na parte superior do tronco, o movimento da língua será automaticamente controlado por suas raízes no núcleo.

Tanto a sílaba *toh* quanto a *pah* são sons não vocálicos, aspirados e explosivos.

1. Fique em pé, com a coluna reta, observando uma distância de 25 a trinta centímetros entre os pés ligeiramente virados para fora.

2. Encoste as palmas das mãos, com os dedos quase se tocando, na região inferior do abdome, para monitorar seus movimentos.

3. Encoste a ponta da língua com firmeza atrás dos dentes da frente da arcada superior. Inspire profunda e completamente. Emita sons *toh* explosivos em *staccato*, contraindo a parede da região inferior do abdome (veja Figura 58).

4. Inspire curta e rapidamente pelo nariz, expandindo a circunferência inferior.

5. Feche a boca imediatamente e prossiga emitindo o som explosivo *pah* em *staccato*, contraindo a parede da região inferior do abdome.

Observação: Não retraia a língua quando emitir os sons explosivos *toh* e *pah*. Abaixe a mandíbula para abrir a boca com rapidez na emissão dos sons.

6. Repita doze vezes as etapas de 3 a 5.

7. Inspire profunda e lentamente, expire e relaxe.

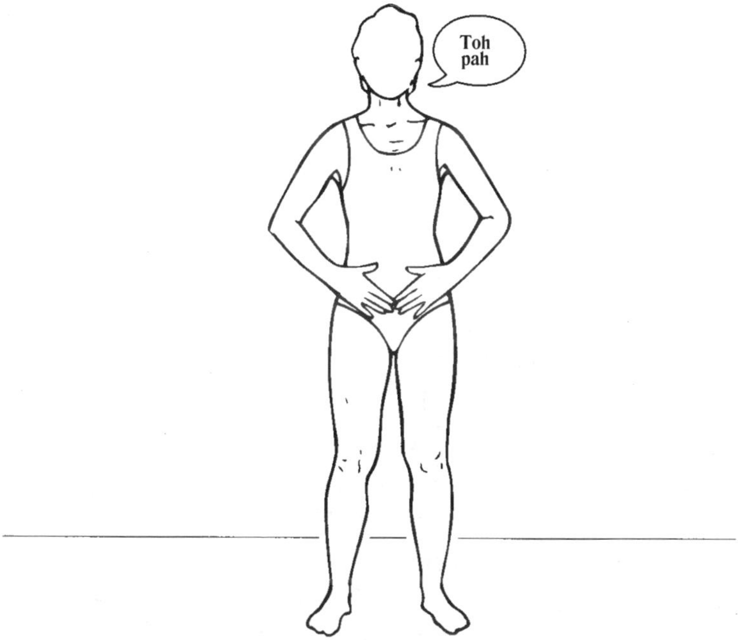

FIGURA 58.

EXERCÍCIO 4D

Expansão da base do tronco

Agora que, graças aos exercícios anteriores, você desenvolveu agilidade na região inferior do tronco, chegou a vez de incluir conscientemente a região superior no processo de respiração, mantendo a atenção e o peso sempre na região inferior. As regiões superior e inferior do tronco devem estar em absoluto equilíbrio, para evitar a tendência de contrair a região superior.

Quando abrimos os braços, expandimos a região superior do tronco. Separando bem os pés e flexionando e esticando os joelhos, nós nos conscientizamos do núcleo.

1. Fique em pé, mantendo entre os pés ligeiramente virados para fora uma distância alguns centímetros maior que a extensão dos ombros.

2. Levante os braços até o nível dos ombros. Vire as palmas das mãos para baixo, com os dedos unidos e esticados (veja Figura 59).

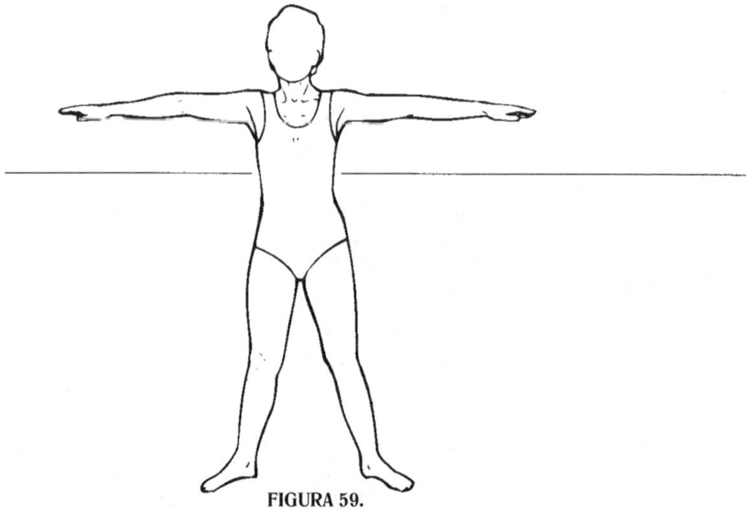

FIGURA 59.

3. Inspire rapidamente durante a contagem vagarosa 1-2 e ao mesmo tempo execute as instruções abaixo:

   - Flexione os joelhos (veja Figura 60).
   - Mantenha os cotovelos no mesmo nível dos ombros e, sem tirá-los dessa posição, flexione-os para unir as pontas dos dedos poucos centímetros abaixo do queixo.
   - Mantenha a coluna reta; não projete as nádegas.

4. Expire rapidamente durante a contagem lenta 1-2, esvaziando o abdome e retornando à posição inicial, em pé, com a coluna reta e os braços estendidos no nível do ombro (veja Figura 59).

5. Repita dez vezes as etapas 3 e 4.

6. Repita a etapa 3 e prenda a respiração por cinco segundos.

7. Estique os joelhos e deixe os braços penderem ao lado do corpo. Expire devagar, esvazie o abdome e relaxe.

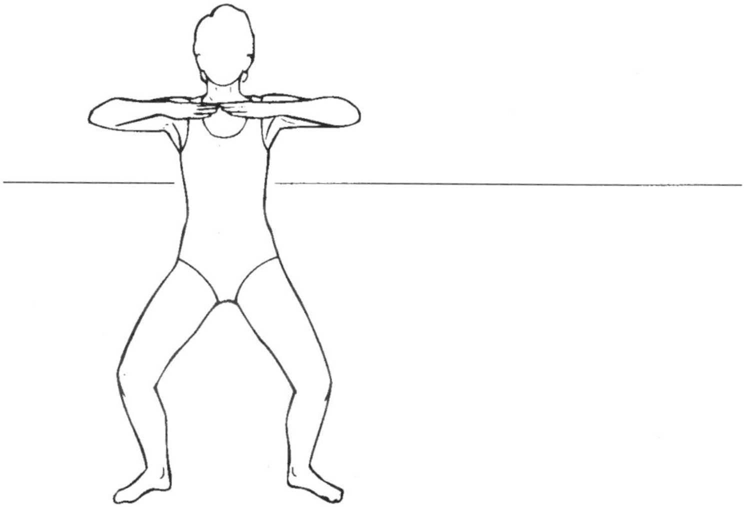

FIGURA 60.

Reflexões sobre a Lição 4

Os exercícios desta lição enfatizam os flancos da região inferior do abdome (no nível da cintura), direcionando o ar para essas áreas com posições e movimentos apropriados. Tendo desenvolvido a flexibilidade da região inferior do abdome e da região lombar, os flancos devem estar flexíveis também. A região inferior do seu abdome agora se expande em quatro dimensões, formando a circunferência inferior.

A circunferência inferior, juntamente com a base do tronco, circunda o núcleo. A estimulação externa da circunferência inferior ativa o núcleo, que passa a irradiar energia interior para todo o seu ser.

Ao longo deste livro, fazemos uso freqüente de imagens mentais vívidas para ajudá-lo a visualizar o funcionamento do corpo. Se uma determinada imagem funcionar para você, use-a sempre que quiser superar dificuldades. Se o exercício de imaginação ativa "Fio da meada", ou qualquer outro, for útil para a execução dos exercícios, adote-o com freqüência. Quando deixar de surtir efeito, substitua-o por outro ou invente um.

EXERCÍCIO DE IMAGINAÇÃO ATIVA

Fio da meada

Imagine que o ar que entra e sai do seu abdome é como o fio de uma meada, que tem sempre uma ponta enrolada no núcleo.

LIÇÃO 5

Como desenvolver o núcleo por meio da respiração

A Lição 5 propõe um número maior de exercícios de revisão do que as lições anteriores. Neste estágio avançado, é importante reexaminar de que maneira cada um dos exercícios nos ajuda a respirar como desejamos. A compreensão do efeito de certos movimentos e posições sobre os mecanismos específicos da respiração lhe dará confiança para improvisar no futuro.

Se você não dispuser de tempo ou de energia, é preferível reduzir o número de repetições na revisão do que deixar de fazer qualquer um dos exercícios, porque a ordem em que eles são apresentados — incluindo as revisões — foi concebida para conduzi-lo com mais facilidade e eficiência de um exercício para o seguinte.

REVISÃO RECOMENDADA EXERCÍCIOS 4A E 4B

Reveja os Exercícios 4A e 4B, repetindo cada um quantas vezes forem necessárias para atingir plenamente as suas metas. Agora você está em condições de fazer os exercícios com conhecimento de seus propósitos e, portanto, de modo mais eficaz do que na lição anterior.

EXERCÍCIO 5A

Para expandir ainda mais a circunferência inferior

Os movimentos neste exercício são muito simples. Seu objetivo é praticar o controle sobre o fluxo de ar, prolongando o tempo da expiração e reduzindo o da inspiração. Quando falamos e cantamos, inspiramos rapidamente e expiramos devagar para que o ar sustente toda a frase.

Uma ligeira tontura pode ocorrer na etapa 7 se você se levantar depressa demais ou se não estiver habituado a curvar o tronco. Relaxe, e a sensação logo desaparecerá.

Quando levantamos e nos inclinamos o máximo possível para a frente, o peso do tronco é sustentado pela base. Nessa posição, é fácil respirar automaticamente com o núcleo.

Durante este exercício, preste muita atenção ao andamento da respiração, para prolongar a expiração.

1. Fique em pé, observando uma distância de 45 a cinqüenta centímetros entre os pés ligeiramente virados para fora.

2. Coloque as mãos na cintura, com os polegares apontando para as costas (veja Figura 61).

3. Gradualmente, incline o tronco a partir do quadril o máximo possível para a frente (veja Figura 62). Ao mesmo tempo, expire com o som *ts*, como no Exercício 2C, contando lentamente 1-2-3-4-5-6-7-8-9-10-11-12 e contraindo (esvaziando) pouco a pouco a parede abdominal.

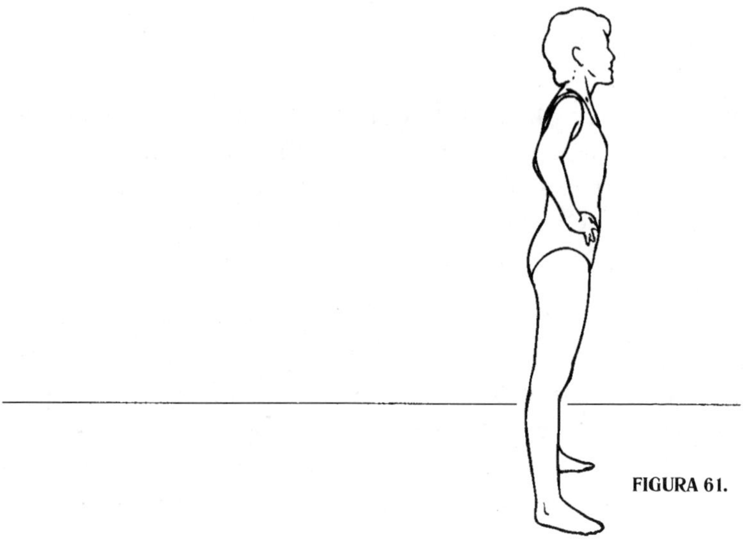

FIGURA 61.

4. Inspire profunda e completamente durante a contagem lenta 1-2. Ao mesmo tempo, expanda a circunferência inferior.

5. Levante gradualmente o tronco. Ao mesmo tempo, torne a expirar com o som *ts* durante a contagem lenta 1-2-3-4-5-6-7-8-9-10-11-12, esvaziando a região inferior do abdome (veja Figura 63).

6. Inspire profundamente, inflando a região inferior do abdome.

7. Repita cinco vezes as etapas de 3 a 6. Monitore com as mãos os movimentos de expansão e contração dos flancos.

8. Expire devagar, abaixando os braços.

9. Inspire fundo e prenda a respiração no núcleo por alguns segundos.

10. Relaxe e retome a respiração normal.

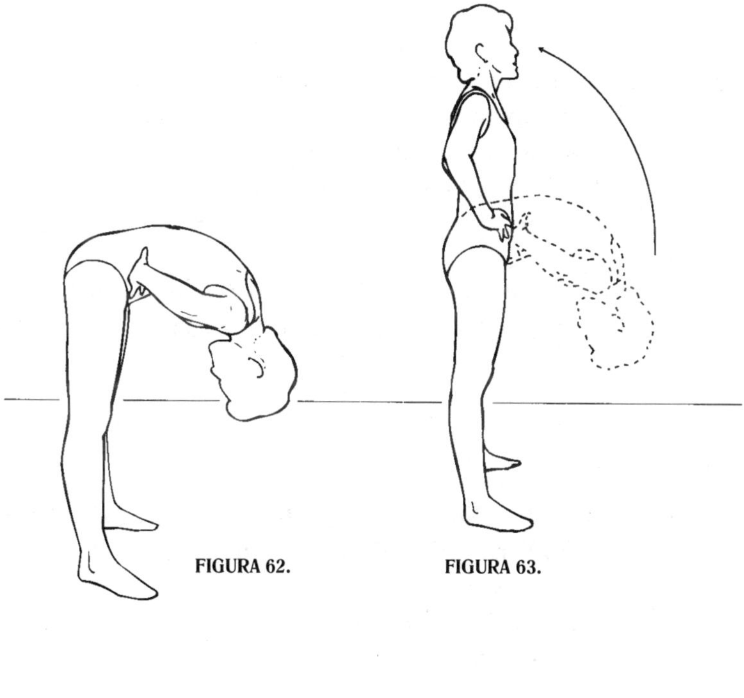

FIGURA 62. **FIGURA 63.**

REVISÃO RECOMENDADA EXERCÍCIOS 2D, 2C E 3B

Depois de praticar o controle do fluxo de ar com o Exercício 5A, você agora está em condições de fazer o Exercício 2C com habilidade e compreensão bem maiores. O benefício também será maior se você prolongar o som *ts* pela maior contagem possível. Será um interessante teste de resistência para você.

Ao usar a língua para emitir o som *ts*, tome cuidado para não enrijecer os músculos do pescoço e dos ombros ou elevar inconscientemente o seu apoio (núcleo) — mantenha-o na região inferior do abdome.

EXERCÍCIO 5B

Desenvolvimento da sensação do núcleo

Este exercício se concentra numa parte da anatomia que raramente é focalizada nos programas ocidentais de exercícios físicos. O músculo retal é uma parte sensível da base do tronco. Quando o enrijecemos e ao mesmo tempo engolimos em seco, nós nos conscientizamos da ligação direta existente entre a base do núcleo e a abertura da garganta. Quando combinamos essa sensação com a expiração controlada, intensificamos a nossa percepção do núcleo.

Esticando os pés para baixo e puxando os calcanhares para cima, como indicado na etapa 5 do próximo exercício, aumentamos a força que emana da circunferência inferior.

Quando reconduzimos lentamente os pés para o chão, como indicado na etapa 8, ampliamos ao máximo a nossa percepção do núcleo.

1. Deite-se de costas no chão, com os braços ao lado do corpo, junte as pernas e estique os pés para a frente (veja Figura 64).

2. Inspire profunda e completamente, contando devagar 1-2-3. Ao mesmo tempo, infle a região inferior do abdome.

3. Prenda a respiração.

FIGURA 64.

4. Erga os pés em direção ao teto, sem separá-los. (Se tiver dificuldade para erguê-los com as pernas esticadas, flexione os joelhos na direção do peito e então estique as pernas para cima, mantendo os joelhos ligeiramente dobrados.)
5. Estique os dedos dos pés para baixo e erga os calcanhares (veja Figura 65).
6. Enrijeça o músculo retal.
7. Encoste a língua com firmeza nos dentes da frente e engula em seco.
8. Mantendo a posição descrita nas etapas de 4 a 6, expire durante a contagem lenta 1-2-3-4-5-6-7-8-9-10. Ao mesmo tempo, abaixe as pernas devagar, voltando à posição original (veja Figura 66).

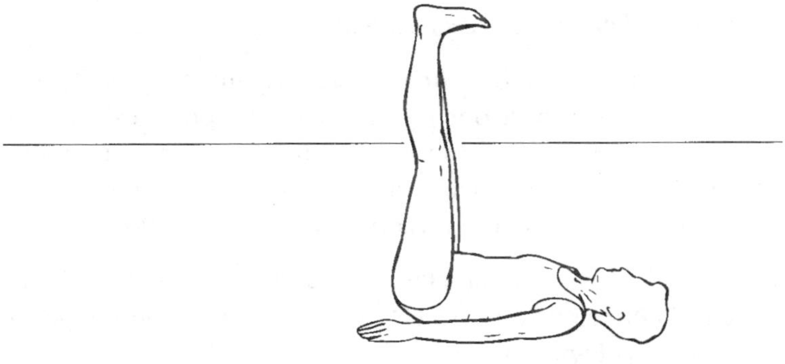

FIGURA 65.

9. Inspire profunda e rapidamente durante a contagem lenta 1-2-3.
10. Permaneça deitado e prenda a respiração por três segundos.
11. Expire e relaxe por um momento. Ao mesmo tempo, monitore a pulsação da energia no seu núcleo e em outras áreas do corpo onde o *chi* for necessário para o seu processo de condicionamento físico e cura.
12. Repita mais duas vezes as etapas de 2 a 11.
13. Respire profundamente várias vezes e relaxe.

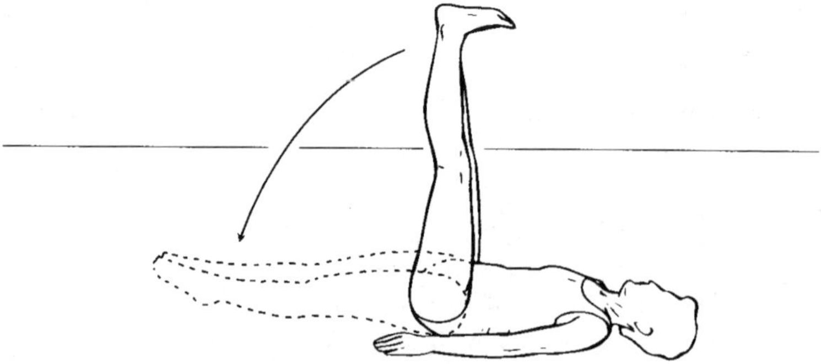

FIGURA 66.

EXERCÍCIO 5C

Expansão e estabilização da respiração no núcleo

Assim como o exercício 4D, este exercício estimula as regiões superior, média e inferior do tronco — abrangendo toda a extensão dos pulmões — para que se harmonizem e funcionem como um todo.

Os movimentos dos braços ajudam a expandir e relaxar o torso, cuja base se fortalece quando nos erguemos na ponta dos pés.

1. Fique em pé, com a coluna reta, observando uma distância de vinte a 25 centímetros entre os pés. Deixe os braços penderem ao lado do corpo (veja Figura 67).
2. Expire completamente contando devagar 1-2-3-4-5-6-7-8-9-10. Ao mesmo tempo, esvazie a região inferior do abdome.

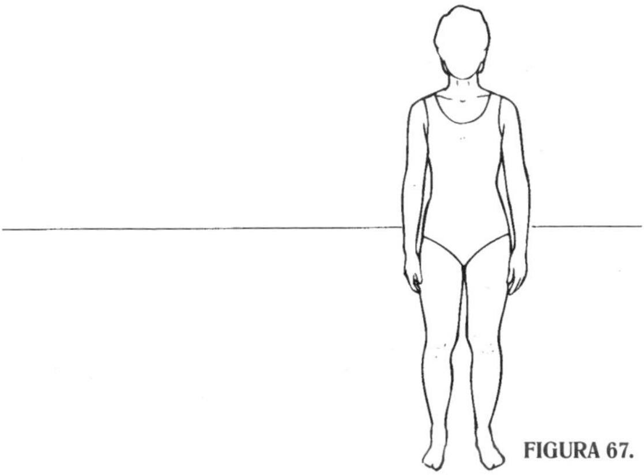

FIGURA 67.

3. Inspire profundamente, contando devagar 1-2-3-4. Ao mesmo tempo, infle a circunferência inferior enquanto segue as instruções abaixo (veja Figura 68):

- Erga os calcanhares e apóie-se na ponta dos pés.
- Erga os braços lateralmente até a altura dos ombros.

4. Expire completamente durante a contagem lenta 1-2-3-4-5. Ao mesmo tempo, esvazie a região inferior do abdome enquanto segue as instruções abaixo:

- Abaixe os calcanhares e apóie-se em toda a extensão dos pés.
- Abaixe os braços e deixe-os pender ao lado do corpo.

5. Inspire profundamente durante a contagem lenta 1-2-3-4-5. Ao mesmo tempo, infle a circunferência inferior enquanto segue as instruções abaixo (veja Figura 69):

- Erga os calcanhares e apóie-se na ponta dos pés.
- Erga os braços para a frente e aponte os dedos para o teto.

6. Expire completamente durante a contagem lenta 1-2-3-4-5-6-7. Ao mesmo tempo, esvazie a região inferior do abdome enquanto segue as instruções abaixo:

- Abaixe os calcanhares e apóie-se em toda a extensão dos pés.

■ Abaixe os braços e deixe-os pender ao lado do corpo.

7. Repita oito vezes as etapas de 3 a 6.

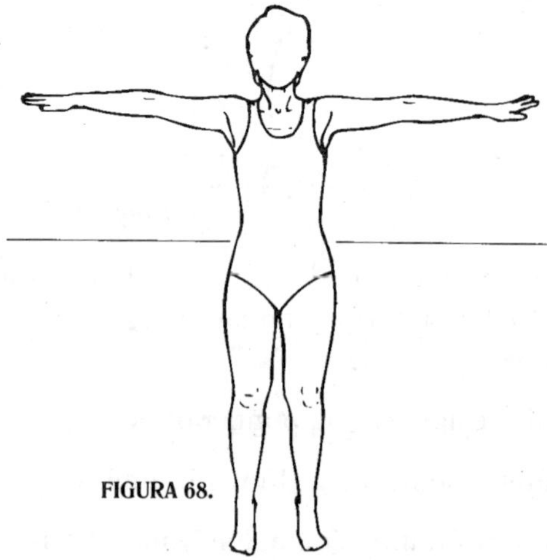

FIGURA 68.

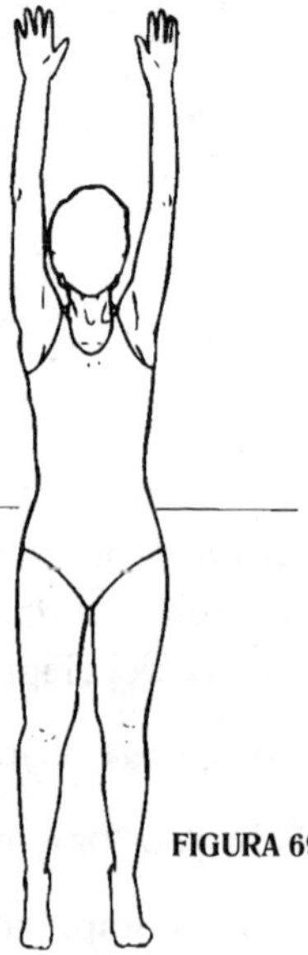

FIGURA 69.

EXERCÍCIO 5D

Intensificação da sensação do núcleo

Este exercício aciona mais uma vez o músculo retal.

Quando enrijecemos os punhos e ao mesmo tempo contraímos o músculo retal, concentramos uma energia essencial no núcleo, que se irradia daí para o diafragma.

Ao enrijecer os punhos, tome cuidado para não contrair os ombros e o pescoço; a tensão nessa área aprisionaria o fluxo de ar na região inferior dos pulmões.

1. Fique em pé, observando uma distância de trinta a 35 centímetros entre os pés. Deixe os braços penderem ao lado do corpo.
2. Expire durante a contagem lenta 1-2-3-4-5-6-7-8. Ao mesmo tempo, siga as instruções abaixo:

- Sem flexionar os joelhos, curve o tronco a partir do quadril o máximo possível para a frente (veja Figura 70).
- Esvazie a região inferior do abdome.

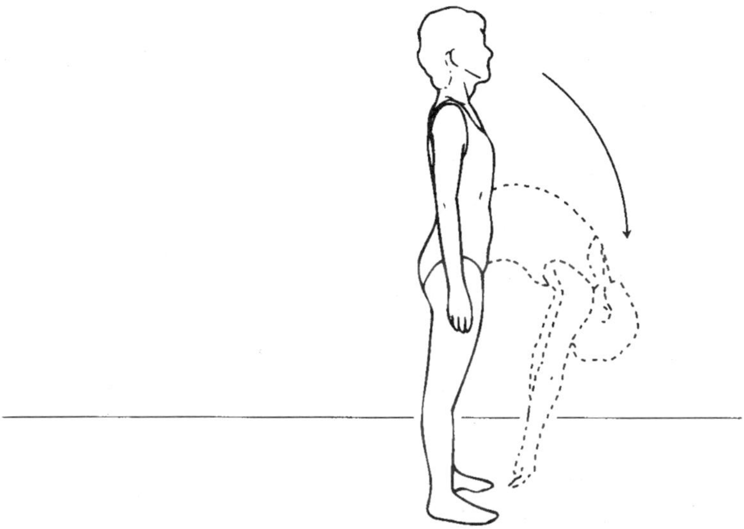

FIGURA 70.

3. Mantendo a inclinação, coloque as mãos nos joelhos, com os dedos apontados para dentro. Flexione os cotovelos e vire-os para fora (veja Figura 71).
4. Inspire durante a contagem lenta 1-2-3-4-5-6-7. Ao mesmo tempo, siga as instruções abaixo:
   - Erga o tronco devagar até ficar com a coluna reta novamente.
   - Levante as mãos até o nível da cabeça, com as palmas viradas para a frente diante do rosto e os cotovelos ainda flexionados.
5. Mova as mãos para os lados, na altura da cabeça, com os cotovelos flexionados de modo que os braços formem um ângulo reto com os antebraços. Feche as mãos e enrijeça os punhos (veja Figura 72). Contraia e erga ligeiramente o músculo retal.

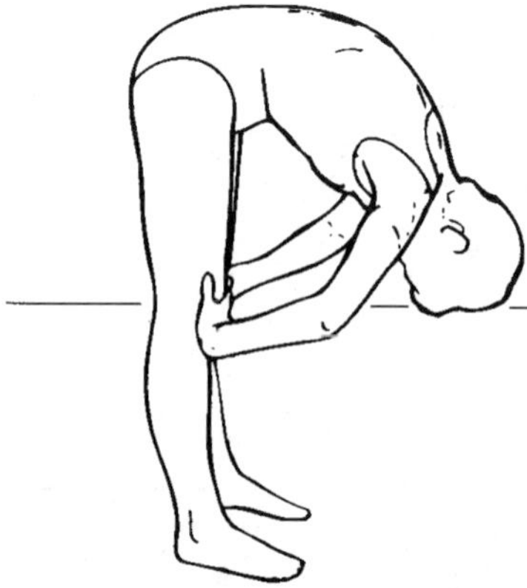

FIGURA 71.

FIGURA 72.

6. Encoste a ponta da língua nos dentes da frente da arcada superior. Mantenha a cabeça ereta, ligeiramente inclinada para trás. Engula em seco.

7. Expire imediatamente o mais devagar possível. Ao mesmo tempo, siga as instruções abaixo:

   - Solte o ar lentamente.
   - Mova a cabeça para a esquerda, para a direita, depois para a esquerda e para a direita novamente, para relaxar a cabeça e os músculos do pescoço.
   - Mantendo os punhos enrijecidos, endireite gradualmente os braços e deixe-os pender ao lado do corpo.
   - Mantenha o músculo retal contraído e ligeiramente erguido.

8. Continue expirando devagar. Você deve ser capaz de sentir o núcleo e todos os músculos da circunferência inferior se enrijecerem

e irradiarem energia. Mantenha o controle muscular até expelir todo o ar.

9. Relaxe os punhos. Inspire e expire profundamente várias vezes.

10. Repita este exercício duas vezes, com um intervalo para descanso.

11. Monitore a energia do núcleo e pratique canalizá-la para todo o corpo.

Reflexões sobre as cinco primeiras lições

Tendo completado as cinco primeiras lições, você agora deve ter uma visão interior bastante clara sobre a localização do núcleo, o objetivo primeiro da respiração profunda. Neste estágio adiantado, não daremos mais instruções sobre a contagem da respiração, de modo que você já pode inspirar e expirar com mais espontaneidade. O menor detalhamento das instruções lhe dará mais flexibilidade e a oportunidade de exercitar a sensibilidade e adequar os exercícios à sua capacidade individual.

Você não precisa mais exagerar os movimentos de inflar e esvaziar o abdome. Os músculos da circunferência inferior já devem estar flexíveis, sensíveis e reagindo bem. Contudo, a repetição ocasional e conscienciosa dos primeiros exercícios evitará que os músculos voltem à condição anterior.

LIÇÃO 6

Como aplicar a respiração

Nos vinte exercícios das cinco lições anteriores, estudamos praticamente todos os movimentos musculares mais importantes para a respiração abdominal profunda e para a percepção da energia do núcleo.

A Lição 6 propõe uma revisão de vários dos exercícios iniciais, para enfatizar benefícios que talvez não tivessem ficado evidentes.

O exercício de imaginação ativa a seguir foi planejado para aprofundar a inspiração e prolongar a expiração.

EXERCÍCIO DE IMAGINAÇÃO ATIVA

Pilha de livros

Imagine que inspirar é como empilhar livros. Você começa de baixo para cima, colocando um livro sobre o outro. Quanto mais alta a pilha, maior é o peso que o livro que serve de base terá de suportar. Para expirar, você segue o processo inverso, retirando um livro de cima do outro até chegar ao que está embaixo — o último a ser retirado. Contanto que o trabalho de empilhar e desempilhar seja contínuo, tanto faz se o andamento é rápido ou lento.

De agora em diante, a posição da língua durante a respiração será menos decisiva, desde que sua ponta permaneça encostada nos dentes da frente. Essa posição impede que a língua se retraia e obstrua o fluxo do ar no fundo da garganta. O relaxamento da língua é fundamental para a respiração profunda.

O exercício de imaginação ativa a seguir testa a sua capacidade de aplicar a energia que o núcleo agora pode gerar.

EXERCÍCIO DE IMAGINAÇÃO ATIVA

Semblante luminoso

Segure um espelho diante do rosto para contemplar o próprio semblante. Inspire profunda e tranqüilamente. Expire. Observe os seus olhos com atenção ao inspirar de modo lento e profundo e expirar. Abaixe o espelho, mas continue olhando para a frente.

Pense em sorrir. Mais uma vez, inspire longa e profundamente e expire. Erga o olhar, inclinando a cabeça para trás enquanto inspira profundamente pelo nariz. Prenda a respiração e deixe o ar envolver o núcleo por um instante.

Expire devagar e com firmeza pelo nariz, visualizando o brilho cálido que emana do núcleo. Ao mesmo tempo, curve a cabeça para a frente e olhe para baixo. Dê um sorriso bem grande, pense em algo agradável e complete a expiração. Inspire e expire enquanto sorri. Sinta seus olhos brilharem e o calor que faz seu semblante cintilar. Você está com um aspecto radiante!

Relaxado e contente, inicie o Exercício 6A.

EXERCÍCIO 6A

Canalização da respiração para a base do tronco

Quando nos sentamos com as pernas cruzadas (posição de lótus), aprofundamos ao máximo a nossa percepção da base do tronco, porque concentramos nessa área a tensão produzida ao apoiarmos o peso do tronco e dos quatro membros numa única plataforma, que sustenta o corpo inteiro. Muitas pessoas não estão acostumadas a essa posição, cuja estranheza e desconforto as deixam ainda mais conscientes dessa área.

Ao sentarmos na posição de lótus, tendemos a contrair os ombros. Podemos evitar essa tendência e manter o peso na região inferior se apoiarmos os antebraços nos joelhos flexionados. Mantenha essa posição e, seja inspirando ou expirando, imagine-se como uma pirâmide sólida e estável.

Se achar difícil ou desagradável sentar-se no chão, você pode acomodar-se sobre uma ou mais almofadas firmes ou sobre um tamborete baixo, cruzando as pernas na frente. Ponha as palmas das mãos nos joelhos ou no colo, com os dedos apontando para dentro.

1. Sente-se em posição de lótus, mantendo a coluna reta. Flexione os braços e ponha os antebraços nos joelhos. Junte as mãos e entrelace os dedos (veja Figura 73).

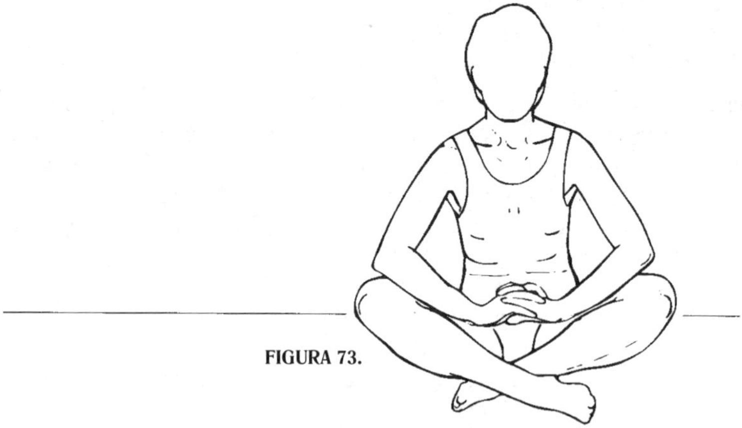

FIGURA 73.

2. Encoste a ponta da língua nos dentes da frente da arcada inferior. Expire pelo nariz durante a contagem lenta 1-2-3-4. Ao mesmo tempo, esvazie a região inferior da parede abdominal.

3. Encoste a ponta da língua nos dentes da frente da arcada superior. Inspire pelo nariz durante a contagem lenta 1-2-3-4-5. Ao mesmo tempo, curve-se para baixo o máximo possível, movendo a cabeça na direção do chão, enquanto infla a região lombar. Deixe os antebraços pressionarem os joelhos, empurrando-os para baixo (veja Figura 74). (Se você estiver sentado em almofada ou tamborete, deixe os cotovelos e braços se estenderem para a frente.)

4. Encoste a ponta da língua nos dentes da frente da arcada inferior. Expire pela boca durante a contagem lenta 1-2-3-4. Ao mesmo tem-

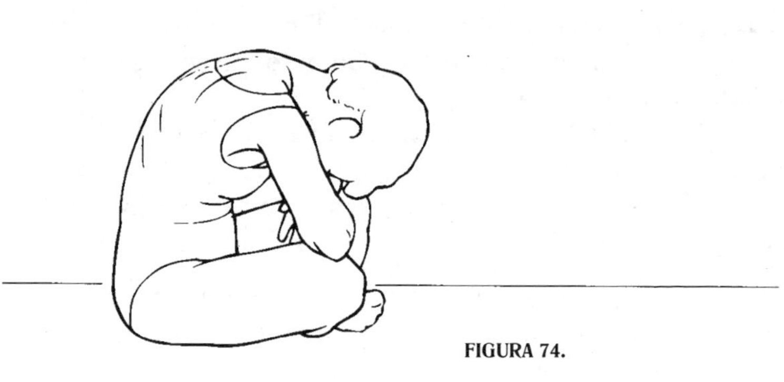

FIGURA 74.

po, retorne devagar à posição original e relaxe a pressão dos cotovelos sobre os joelhos. Não esvazie a região inferior da parede abdominal; deixe a região lombar reagir naturalmente ao retorno à posição original.

5. Repita cinco vezes as etapas 3 e 4.

6. Permaneça sentado com a coluna reta. Respire livremente e relaxe.

EXERCÍCIO 6B

Alongamento dos músculos abdominais

Quando erguemos os braços acima da cabeça, alongamos o tronco ao máximo.

Separando bem as pernas, ampliamos e estabilizamos a base do tronco, mas corremos o risco de inclinar as costas e encurvar a coluna. Para minimizar esse risco, estique o máximo possível toda a parte superior do corpo. Ao mesmo tempo, encolha ligeiramente o abdome, mesmo antes de iniciar a expiração.

1. Fique em pé, mantendo entre os pés ligeiramente virados para fora uma distância alguns centímetros maior que a extensão dos ombros.

2. Erga os braços acima da cabeça, com os dedos apontados para o teto e as palmas viradas para a frente (veja Figura 75).

3. Expire completamente. Ao mesmo tempo, siga as instruções abaixo:

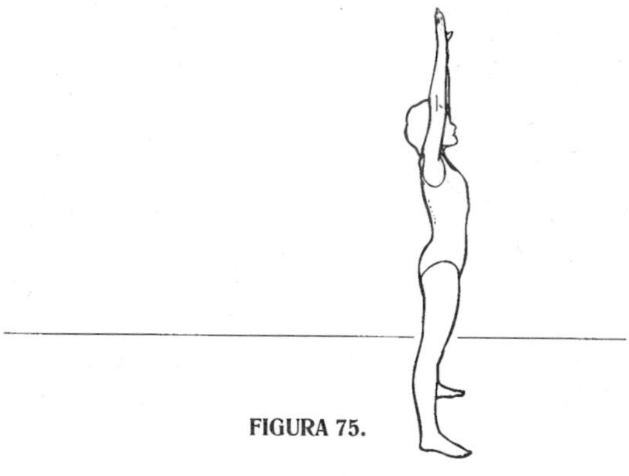

FIGURA 75.

- Curve-se para a frente e toque os dedos dos pés (veja Figura 76). Se não conseguir tocá-los, curve-se o máximo que puder.

- Esvazie a região inferior do abdome.

4. Inspire lentamente, inflando primeiro a região inferior do abdome. Ao mesmo tempo, siga as instruções abaixo:

   - Levante o tronco devagar. Erga e estique os braços acima da cabeça (veja Figura 77).

   - Infle a circunferência inferior.

5. Repita três vezes as etapas 3 e 4.
6. Permaneça em pé, com os braços erguidos.
7. Não se mova por três segundos; então abaixe os braços, deixando-os pender ao lado do corpo.
8. Expire completamente, inspire fundo e respire livremente ao passar para o próximo segmento.

FIGURA 76.

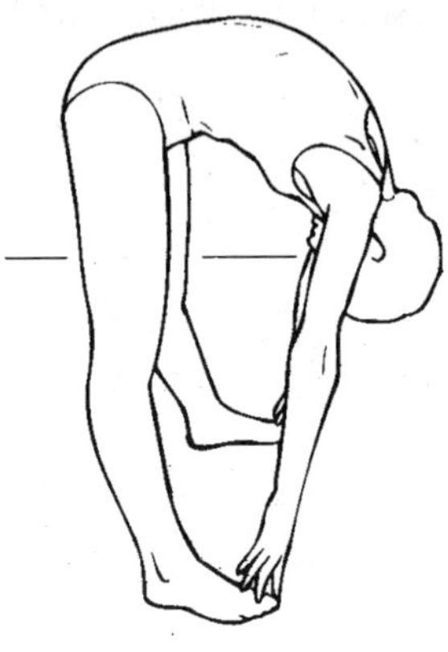

FIGURA 77.

EXERCÍCIO 6B - CONTINUAÇÃO

Alongamento dos músculos da região lombar

Neste segmento, observe que, com a inversão do procedimento inspiração/expiração, a ênfase se transfere do abdome para a região lombar.

1. Fique em pé, mantendo entre os pés ligeiramente virados para fora uma distância alguns centímetros maior que a extensão dos ombros.

2. Erga os braços acima da cabeça, com os dedos apontados para o teto e a palma virada para a frente (veja Figura 78). Expire completamente pela boca.

3. Inspire lentamente de baixo para cima. Ao mesmo tempo, siga as instruções abaixo:

   - Curve-se para a frente e toque os dedos dos pés (veja Figura 79). Se não conseguir tocá-los, curve-se o máximo que puder.

FIGURA 78.

- Infle a circunferência inferior.

4. Expire completamente pela boca. Ao mesmo tempo, siga as instruções abaixo:

   - Levante o tronco devagar. Erga e estique os braços acima da cabeça.

   - Esvazie a região inferior do abdome.

5. Repita três vezes as etapas 3 e 4.

6. Permaneça em pé, com os braços erguidos.

7. Prenda o fôlego por um segundo.

8. Abaixe os braços. Inspire profundamente, expire sem interrupções, relaxe e respire livremente.

FIGURA 79.

REVISÃO RECOMENDADA EXERCÍCIOS 3A, 4A E 3D

Os Exercícios 3A, 4A e 3D apresentam uma progressão de posturas. Faça o seguinte exercício de imaginação ativa durante a revisão:

EXERCÍCIO DE IMAGINAÇÃO ATIVA

Creme

Imagine que o ar que você inspira é um líquido cremoso e rico em nutrientes. Ao expirar, retenha os nutrientes e deixe a cremosidade aderir ao núcleo, onde ela é convertida em energia. Você está aprendendo a controlar e absorver essa preciosa energia.

EXERCÍCIO 6C

Alongamento do músculo do diafragma e do núcleo

A respiração que sustenta esse movimento exercita o diafragma e estimula o núcleo.

As etapas 3 e 4 talvez pareçam difíceis. Mas trata-se simplesmente de alternar os movimentos do punho para cima e para baixo enquanto se move o quadril. Flexionando os joelhos e erguendo-nos na ponta dos pés, fica mais fácil manter o equilíbrio e ondular o quadril. Nesse movimento, a região mediana do tronco, onde se localiza o diafragma, contrai-se e se expande para adquirir flexibilidade.

1. Fique em pé, mantendo entre os pés uma distância equivalente à extensão dos ombros. Erga os braços até a altura dos ombros e do-

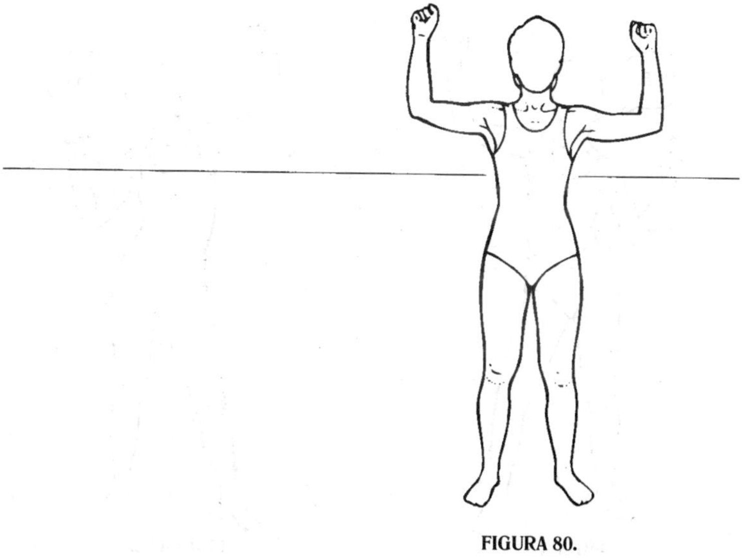

FIGURA 80.

bre os cotovelos em ângulo reto. Vire as palmas das mãos para a frente e feche as mãos (veja Figura 80). Expire completamente, contraindo a região inferior do abdome.

2. Inspire lenta, profunda e completamente. Prenda a respiração. Contraia o músculo retal e erga-o ligeiramente. Engula em seco, mantendo a tensão do núcleo.

3. Mantenha o músculo retal contraído. Expire com força, soltando o ar em dois jatos com o som *puff*. Ao mesmo tempo, contraia a região inferior do abdome. Na primeira emissão do som *puff*, proceda como indicado a seguir:

   - Abaixe o punho direito e erga o punho esquerdo.
   - Mova o quadril direito para a direita.
   - Flexione ligeiramente o joelho esquerdo. Erga o calcanhar esquerdo, deixando no chão apenas os dedos do pé (veja Figura 81).

Na emissão do segundo som *puff*, proceda como indicado a seguir:

- Erga o punho direito e abaixe o punho esquerdo.

FIGURA 81.

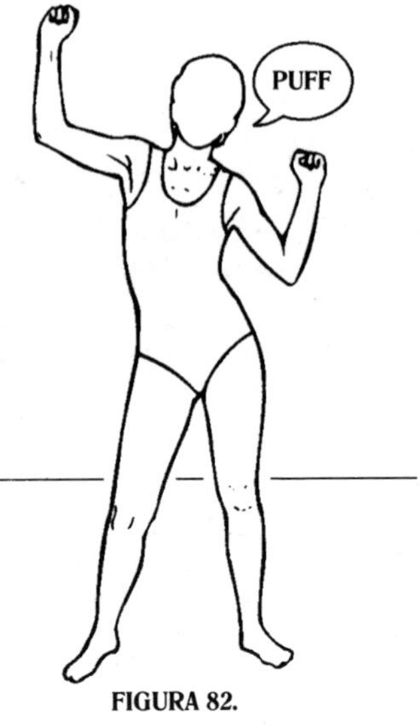

FIGURA 82.

■ Mova o quadril esquerdo para a esquerda.

■ Flexione ligeiramente o joelho direito. Erga o calcanhar direito, deixando no chão apenas os dedos do pé (veja Figura 82).

4. Inspire com força pelo nariz em dois jatos consecutivos. Ao mesmo tempo, infle a região inferior do abdome. No primeiro jato, proceda como indicado a seguir:

■ Abaixe o punho direito e erga o punho esquerdo.

■ Mova o quadril direito para a direita.

■ Flexione ligeiramente o joelho esquerdo. Erga o calcanhar esquerdo, deixando no chão apenas os dedos do pé (veja Figura 83).

No segundo jato, proceda como indicado a seguir:

■ Erga o punho direito e abaixe o punho esquerdo.

■ Mova o quadril esquerdo para a esquerda.

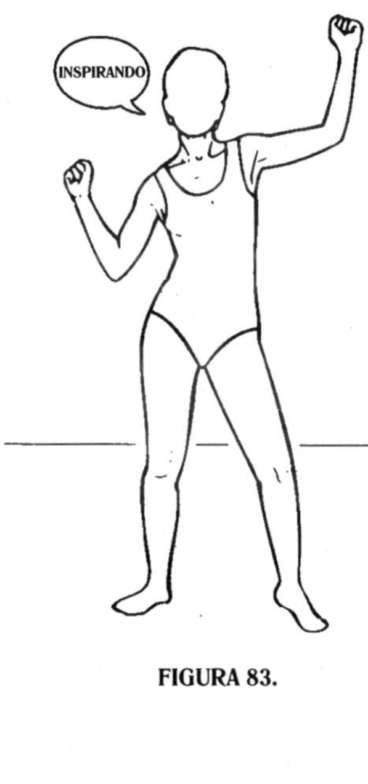

FIGURA 83.

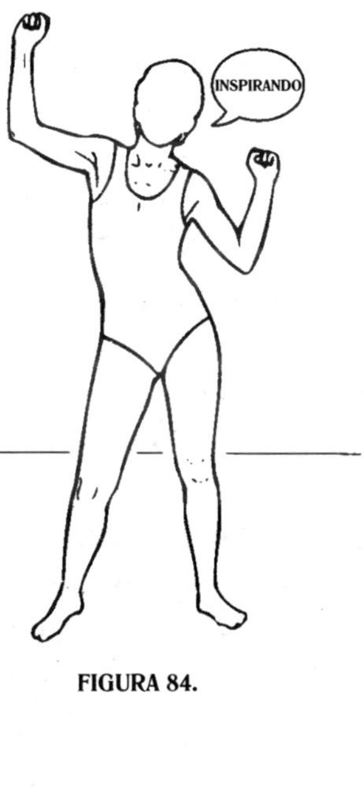

FIGURA 84.

- Flexione ligeiramente o joelho direito. Erga o calcanhar direito, deixando no chão apenas os dedos do pé (veja Figura 84).

5. Repita dez vezes as etapas 3 e 4, mantendo o músculo retal contraído. Termine com uma inspiração; nivele os ombros e cotovelos.
6. Expire devagar, abaixando os braços e deixando-os pender ao lado do corpo.
7. Inspire, expire, relaxe e respire livremente.

REVISÃO EXERCÍCIOS 5D E 5C

O Exercício 6C foi rigoroso e colocou grande ênfase na região mediana do tronco. Quando esquecemos a região inferior do tronco e o núcleo, dificilmente o ar penetra com a profundidade necessária. A revisão dos Exercícios 5D e 5C corrigirá qualquer falha porventura ocorrida. O Exercício 5C preparará o seu corpo para o Exercício 6D.

EXERCÍCIO 6D

Prática de corrida sem sair do lugar usando o chi yi

Todos os movimentos são afetados pelo nosso modo de respirar. Correr sem sair do lugar é *um dos exemplos* de utilização do *chi yi* e, em combinação com os vários estágios do exercício físico, serve para demonstrar que você pode fazer experiências para obter melhores resultados com a coordenação adequada de movimento e respiração.

1. Fique em pé, com um dos pés inteiramente no chão e o outro apoiado apenas nos dedos, como se você fosse a imagem esculpida de um corredor em movimento. Mantenha os braços numa posição confortável para corrida e as mãos soltas e relaxadas (veja Figura 85).
2. Ao longo deste exercício você respirará de forma natural, com o ar transitando pela junção do fundo do nariz com a garganta. Deixe os dentes entreabertos e a mandíbula relaxada. Encoste ligeiramente a ponta da língua nos dentes da frente da arcada inferior.

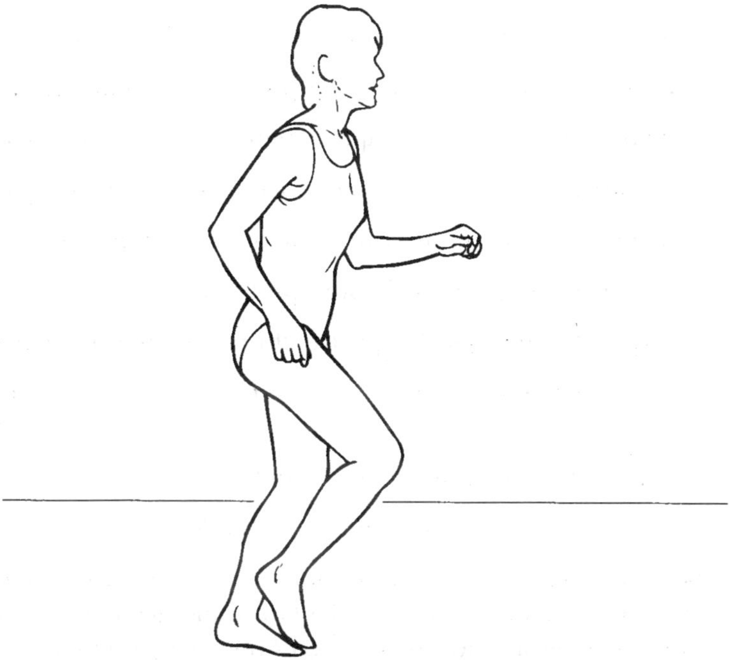

FIGURA 85.

3. Sem sair do lugar, inicie os movimentos de uma corrida, reproduzindo-os de maneira uniforme e num andamento vagaroso. Esvazie a região inferior do abdome ao expirar e infle a circunferência inferior ao inspirar. Alternadamente, expire e inspire de acordo com as instruções abaixo:

- Expire de modo ininterrupto e uniforme durante quatro passadas.
- Inspire de modo ininterrupto e profundo durante quatro passadas.
- Expire de modo ininterrupto e uniforme durante seis passadas.
- Inspire de modo ininterrupto e profundo durante seis passadas.
- Expire de modo ininterrupto e uniforme durante oito passadas.

- Inspire de modo ininterrupto e profundo durante oito passadas.
- Expire de modo ininterrupto e uniforme durante dez passadas.
- Inspire de modo ininterrupto e profundo durante dez passadas.
- Expire de modo ininterrupto e uniforme durante oito passadas.
- Inspire de modo ininterrupto e profundo durante oito passadas.
- Expire de modo ininterrupto e uniforme durante seis passadas.
- Inspire de modo ininterrupto e profundo durante seis passadas.
- Expire de modo ininterrupto e uniforme durante quatro passadas.
- Inspire de modo ininterrupto e profundo durante quatro passadas.
- Expire de modo ininterrupto e uniforme durante dez passadas.
- Inspire de modo ininterrupto e profundo durante dez passadas.

4. Sem sair do lugar, continue a simular os movimentos de uma corrida. Ao mesmo tempo, volte lenta e tranqüilamente ao padrão normal de respiração e pare pouco a pouco o movimento dos pés.

Reflexões sobre a Lição 6

O principal objetivo desta lição é desenvolver uma percepção mais aguda do núcleo e usar essa percepção em *qualquer* atividade. Quando você terminar a lição, os músculos acionados no *chi yi* deverão reagir prontamente aos seus comandos. Sinta-se livre para improvisar novas rotinas e para integrar às atividades diárias tudo o que aprendeu.

Reveja com freqüência os exercícios que se mostraram mais eficazes para você. Não negligencie nem subestime os exercícios das lições iniciais, pois cada um é valioso e visa a um propósito em especial.

Seja paciente e persistente na prática e aplicação do *chi yi*. O esforço e o empenho dedicados no princípio se transformarão gradualmente em espontaneidade até chegar o instante em que a respiração superficial lhe parecerá desagradável, ineficaz e pouco natural. E então você reconhecerá que se tornou um mestre na arte de respirar.

Talvez não lhe tenha passado despercebido que os seus padrões naturais de respiração apresentam um intervalo (repouso) entre expiração e inspiração, no qual a respiração fica suspensa. A extensão desses intervalos depende principalmente das exigências físicas e às vezes também mentais e emocionais do momento. Em geral é o instinto que se encarrega de promover esses ajustes. Por exemplo, durante uma corrida, os intervalos são muito curtos. Numa caminhada, o intervalo pode ser equivalente à contagem 1-2, dependendo da quantidade de energia empregada e de ar inspirado e expirado. Ao descansar, você pode contar até 3 tanto para inspirar como para expirar e para o período de suspensão ou intervalo. Durante o sono, a suspensão aumenta. A compreensão desse fato facilita a adaptação do *chi yi* a tudo o que você fizer.

Terceira Parte

Como aplicar o chi yi

O uso da energia do núcleo

Tendo completado as seis lições que compõem a Segunda Parte deste livro, você criou uma base sólida e forte de *chi yi*, cujas técnicas, assim como as de todas as artes, devem ser praticadas com regularidade para que não se perca a destreza. Bons resultados dependem do esforço contínuo e do domínio de todas as lições.

Agora que desenvolveu a percepção do núcleo, você está apto a atuar com mais eficácia em todas as áreas da sua vida. As sugestões de uso que apresentaremos a seguir mostram como as técnicas do *chi yi* podem ser aplicadas no cotidiano para proporcionar saúde e bem-estar. Depois de trabalhar com as aplicações sugeridas aqui, você poderá adaptá-las para criar o seu próprio programa de *chi yi*.

A energia interior disciplinada ajuda-o a perceber toda a extensão do seu potencial humano. A energia interior descontrolada gera uma tensão e um *stress* que não podemos simplesmente descartar: é preciso *reorientá-los*. A prática do *chi yi* ensina você a drenar a tensão e o *stress* indesejáveis para o núcleo, onde eles são transformados numa energia benéfica que circulará pelo corpo inteiro.

Como você já domina as técnicas básicas do *chi yi* apresentadas nos exercícios progressivos da Segunda Parte, o exercício de imaginação ativa "Vapor e funil" lhe será muito útil para aprimorar a circulação da energia interior. Tenha essa imagem em mente ao usar o *chi yi* como sugerido na Terceira Parte.

Neste exercício de imaginação ativa, quando visualizamos o ar sob uma forma líquida, portanto como se fosse água, fica mais fácil sentir o fluxo descer e chegar ao fundo durante a inspiração. Na expiração, se imaginarmos o ar como água quente e visualizarmos o vapor que se desprende e sobe, fica mais fácil perceber a lentidão de sua saída. Ao praticar este exercício, é provável que você sinta a cálida energia interior que flui para a região da cabeça, especialmente para o rosto. Imaginando a energia interior como uma corrente cálida, temos uma sensação tão vívida que é possível monitorá-la com facilidade.

EXERCÍCIO DE IMAGINAÇÃO ATIVA

Vapor e funil

Imagine que o ponto de interseção do nariz com a garganta é aquela parte superior do funil que desemboca num tubo comprido. Esse tubo, por sua vez, estende-se até uma área central, onde há uma hélice pronta para girar (veja Figura 86). Quando começar a inspiração, imagine o ar como a água que entra pelo funil e movimenta a hélice. Espere alguns segundos até a rotação aumentar, produzindo calor e uma energia radiante que brilha e impulsiona a expiração sob a forma de água quente e vapor. É essa coluna de ar energizado que, ao retornar, aciona e controla a voz, além de dar uma luminosidade atraente ao seu semblante.

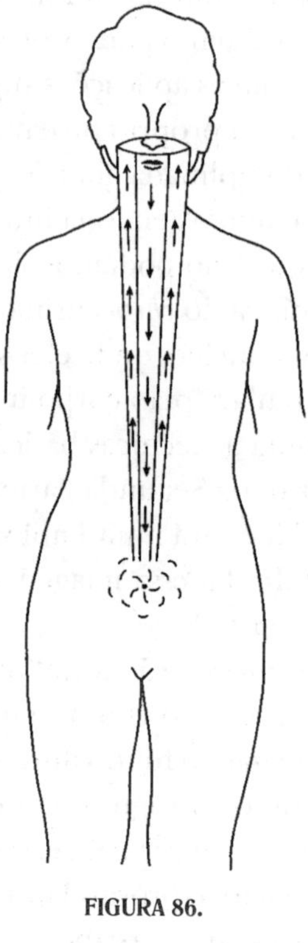

FIGURA 86.

Na expiração você colhe os frutos da inspiração ao levar a energia interior para as áreas mais carentes do corpo. É na expiração que você, com o auxílio da mente e da imaginação, pode conduzir a sua energia interior com mais eficácia. Não é preciso planejar a expiração; na maior parte das vezes, o natural é deixar a energia interior circular com liberdade para beneficiar todo o seu ser.

A energia interior atende instintivamente às necessidades mais prementes de várias partes do corpo. Por exemplo, quando estamos exaustos e nos deitamos para descansar, é comum sentirmos a energia interior pulsar nas regiões mais fatigadas, como a base do pescoço, a cabeça, as pernas e assim por diante. Estimule essa sensação com a respiração *chi yi*: ela o ajudará a se recuperar.

Podemos perceber as vibrações da energia interior sob a forma de pulsação, de faixa de calor ou de raio luminoso. Essas vibrações são mais lentas do que as batidas do coração, com uma velocidade de cerca de uma pulsação por segundo ou até menos. Se você as sentir sob a forma de faixas de calor ou de raios luminosos, cujo ritmo é menos pronunciado, monitore-as contando mentalmente à razão de uma vibração por segundo.

Nunca desestimule essas sensações não dolorosas de pulsação, pois constituem um sinal de que a sua energia interior está circulando pelas regiões do corpo onde ela é necessária. Por exemplo, se os músculos da base do pescoço e dos ombros estiverem contraídos, deite-se e pratique respiração *chi yi*. Logo você ficará consciente da sensação de pulsação nessa área, proporcionando aos poucos alívio e bem-estar.

Depois de conversar e sorrir continuamente por muito tempo, relaxe e concentre-se na região cansada — lábios, mandíbula, gengiva e fundo do nariz. Você sentirá esses músculos, ossos e tecidos pulsarem intensamente, graças à sua energia interior, que os fará relaxar e se recuperar.

Quando forçar demais a vista, feche os olhos e concentre a atenção nessa área. A pulsação da energia interior aliviará os olhos e os músculos ao redor.

A pulsação dolorosa é o sinal enviado pelo corpo para denunciar algum ferimento, tensão ou *stress*. Você aprenderá a aliar essa pulsação com as da energia interior para dissolver a tensão e eliminar a dor.

Para estimular a sua percepção da pulsação da energia interior concentrada, pratique o exercício de imaginação ativa a seguir.

EXERCÍCIO DE IMAGINAÇÃO ATIVA

Pia e ralo

Inspire como se estivesse enchendo uma pia (portanto, no sentido ascendente). Expire como se abrisse o ralo para esvaziar a pia (portanto, no sentido descendente). Repita algumas vezes essas duas etapas. Então, prenda a respiração por alguns segundos e se concentre em estimular uma pulsação lenta no núcleo. Solte a respiração, sempre monitorando a pulsação. Transfira mentalmente essa pulsação do núcleo para outras partes do corpo.

Sugestões

Quando você estiver praticando as formas de aplicação do *chi yi*, lembre-se sempre de fortalecer e sustentar a energia interior com inspiração profunda e expiração lenta (exceto quando houver instrução em contrário). A respiração *chi yi* pode variar em intensidade e freqüência. Quando você monitorar a pulsação, os raios luminosos ou as faixas de calor, a sua inspiração pode ficar tão fraca e esparsa que parecerá nem estar ocorrendo.

Essa inspiração fraca será intercalada com outras mais prolongadas e intensas sempre que o seu corpo precisar. Deixe os instintos lhe servirem de guia. Se a pulsação ou sensações de luz ou calor ficarem fracas ou desaparecerem, recupere-as com expiração e inspiração intensas e regulares, quase como suspiros profundos. Use o exercício de imaginação ativa "Pia e ralo" para estimular as sensações. Quer a respiração seja fraca ou intensa, freqüente ou esparsa, o mais importante é lembrar-se de inspirar até o núcleo e prolongar a expiração.

Você pode criar as sensações de pulsação da energia interior com a respiração *chi yi* e com movimentos exagerados dos músculos da região inferior do abdome, que estimulam o núcleo. Também podemos induzir a respiração profunda por meio de imagens mentais vívidas, como neste exercício de imaginação ativa.

EXERCÍCIO DE IMAGINAÇÃO ATIVA

Canudo

Imagine um canudo comprido. Uma de suas extremidades localiza-se na junção do nariz com a garganta, e a outra, no núcleo. Ambas estão sempre desobstruídas para que o ar possa fluir livremente. Ao inspirar, imagine que o ar é sugado pela pequena abertura e infla a região inferior do abdome. Pare e inverta mentalmente o movimento, preparando-se para a expiração. Imagine que o ar preenche o canudo de uma extremidade à outra sem obstruí-lo em nenhum ponto. Agora expire completamente. Inicie outra inspiração.

O exercício de imaginação ativa para a percepção do núcleo que veremos a seguir também estimula a energia do núcleo e o ajuda a canalizá-la. Nós o usaremos em várias das aplicações que se seguem.

EXERCÍCIO DE IMAGINAÇÃO ATIVA

Lâmpada vermelha

Faça a respiração *chi yi* e ao mesmo tempo visualize, do modo mais vívido possível, um soquete instalado no núcleo. Coloque uma lâmpada vermelha nesse soquete e observe a luz acender-se. Imagine que a luz brilha de maneira contínua enquanto você expira e inspira profunda e regularmente. Nas pausas entre expiração e inspiração, ou quando você prender a respiração, a lâmpada não pisca nem se apaga; em vez disso, mantém uma luminosidade constante.

Depois que o *chi yi* se integrar inteiramente à sua vida, recorra aos exercícios para relaxar ou agir com mais eficácia depois de trabalhar, praticar esportes ou qualquer atividade física. Você notará que respira mais profundamente e com mais facilidade, seja durante o dia ou à noite. Você está se beneficiando do *chi yi* — a arte de respirar.

APLICAÇÃO 1

Para relaxar

Sempre que estiver sob pressão, com pressa ou tenso, deixe o *chi yi* ajudá-lo a superar o problema. Solte e abaixe os ombros. Respire até o núcleo, deixando o ar ser lentamente filtrado para baixo. Faça isso várias vezes até sentir que seus nervos e músculos se descontraíram. Você perceberá que aumentou sua capacidade de controlar as emoções, de ser mais paciente, tolerante e agradável.

Podemos reduzir consideravelmente ou mesmo eliminar a ansiedade quando enviamos a pulsação da energia interior para o ponto localizado logo abaixo da junção das costelas frontais, no centro do peito. Concentre as vibrações da energia interior nesse ponto para aquecê-lo e desfazer os nós. Em pouco tempo a ansiedade começará a se desvanecer.

1. Respire profundamente algumas vezes para ter uma nítida visão interior da localização do núcleo.

2. Analise e registre seus pontos de tensão.

3. Continue respirando profunda e regularmente. Ao mesmo tempo, canalize para o núcleo os pontos de tensão acumulada, um por vez, e calmamente deposite-os aí para dissolvê-los.

4. A tensão freqüentemente se acumula na nuca e nos ombros, provocando dores e pontadas nos braços, na cabeça e ao longo da coluna. Para obter alívio, verifique os pontos vitais a seguir e adote as soluções recomendadas.

    - Língua. Se a sua língua se retrair, persistindo em encolher-se longe dos dentes da frente, poderá causar tensão na mandíbula e no pescoço. O remédio para esse problema é trazer a língua para a frente com delicadeza, ocupando o espaço atrás dos dentes da frente da arcada inferior. Então, relaxe-a e respire.

    - Ombros. Quando os ombros estão contraídos (erguidos), você está lutando contra a gravidade. Levante e solte os ombros e gire-os algumas vezes; depois solte-os, deixando-os ligeiramente para trás. Respire confortavelmente.

APLICAÇÃO 2

Para despertar: a técnica do bom-dia

Para muitas pessoas, o simples ato de acordar e levantar-se de manhã requer um grande esforço — o que pode ser bastante estressante. Muitas precisam de uma xícara de café preto ou de mais meia hora na cama para ficar sociáveis. Elas têm a esperança de que ao longo do dia conseguirão despertar e assumir um aspecto radiante.

O *chi yi* prepara você para sair da cama com todas as suas faculdades em pleno funcionamento. A técnica do bom-dia requer que você permaneça na cama por cerca de dez minutos depois de acordar. Se você tiver o hábito de usar despertador, programe-o para soar o alarme dez minutos mais cedo. Você se levantará menos desnorteado e com os olhos menos congestionados do que se dormisse dez minutos a mais. Esta forma de aplicar o *chi yi* requer a sua força de vontade, mas você verá que o esforço é compensador.

À primeira vista, o procedimento talvez lhe pareça longo e complicado. Depois de estudá-lo algumas vezes, você perceberá que é um método sistemático e fácil de decorar. Memorize as etapas ou pelo menos compreenda-as e organize-as em sua mente antes de começar a executá-las. Eu apenas sugiro o número de pulsações — use o bom senso para decidir de acordo com as suas condições físicas e o tempo disponível. Você pode conduzir mentalmente as sensações da energia interior e canalizá-las para qualquer lugar que deseje. Por exemplo, se estiver com o nariz entupido, garganta inflamada ou com problema de estômago, será melhor deixar as pulsações se demorarem nessas áreas.

Todas as manhãs, ao acordar, permaneça deitado, com os olhos fechados. Se precisar ir ao banheiro, vá e volte imediatamente para a cama. Se o seu quarto estiver frio, cubra-se para se sentir aquecido. Você pode flexionar os joelhos, se for mais confortável do que manter as pernas esticadas. É possível que a princípio você prefira deitar-se de costas, mas, ao adquirir experiência, talvez encontre a mesma facilidade deitado de lado. O importante é que se sinta relaxado e confortável.

Lembre-se de sempre inspirar profundamente e expirar devagar (exceto quando houver instrução em contrário) para fortalecer e dar suporte à sua energia interior.

1. Deite-se confortavelmente na cama, com os olhos fechados.

2. Faça o exercício de imaginação ativa "Conta-gotas" da Primeira Parte, para relembrar a sensação de respiração profunda.

3. Relaxe as mãos e os cotovelos. Ponha as mãos, uma em cima da outra, na região inferior do abdome. Deixe os cotovelos em repouso ao lado do corpo.

4. Retese os músculos da região inferior do abdome e esvazie o abdome de modo vigoroso. Ao mesmo tempo, expire rapidamente por entre os lábios ligeiramente franzidos. Relaxe o músculo abdominal, que se inflará, produzindo uma inspiração profunda e rápida. Faça esse movimento para dentro/para fora com a parede abdominal contando 1-2. Repita dez vezes esse processo, concluindo com uma inspiração longa, lenta e profunda, seguida de uma expiração longa, demorada e completa.

5. Relaxe. Monitore o corpo para detectar vibrações ou pulsações. Você pode senti-las em muitas áreas do corpo, principalmente em volta dos globos oculares, entre a bochecha e a gengiva, no fundo do nariz e na região inferior do abdome. Se você não perceber nenhuma sensação desse tipo, repita a etapa 4. Se ainda não detectar reação, faça o exercício vocálico simplificado, que está no final desta sessão. Então prossiga para a etapa 6.

6. Concentre-se nas pulsações de uma área de cada vez, começando pela região inferior do abdome. Conduza mentalmente as pulsações para o cóccix. Faça-as subir devagar pela coluna até o topo da cabeça (a coroa).

7. Conduza mentalmente as pulsações até os globos oculares. Monitore vinte pulsações nessa área.

8. Conduza de dez a catorze pulsações para o centro do cavalete do nariz. Se você estiver com o nariz entupido, deixe as pulsações se demorarem mais tempo nessa área e logo o descongestionará.

9. Conduza de dez a catorze pulsações para a ponta do nariz.

10. Conduza de dez a catorze pulsações para a gengiva do maxilar superior.

11. Conduza de dez a catorze pulsações para as bochechas. Você talvez sinta uma faixa de calor se espalhar até o centro das faces. Conduza dez pulsações para essa área.

12. Conduza de dez a catorze pulsações para cada uma das seguintes áreas: gengiva do maxilar inferior, língua e queixo.

13. Conduza de dez a catorze pulsações para a garganta. Se você estiver com dor de garganta, deixe as pulsações se demorarem mais um pouco nessa área para aliviá-la. Se uma sensação de formigamento lhe der vontade de tossir, segure a tosse o máximo que puder. Deixe as pulsações se demorarem mais um pouco nessa área até o formigamento desaparecer.

14. Conduza de dez a catorze pulsações para a base do pescoço e ao longo da parte interna dos ombros. Se você estiver com torcicolo ou com os ombros contraídos, deixe as pulsações se demorarem mais um pouco na região do pescoço e dos ombros para aliviar a tensão.

15. Direcione pulsações em etapas curtas, uma pulsação por etapa, até o centro da frente do corpo. Deixe as pulsações se demorarem mais um pouco em qualquer parte do corpo que esteja contraída, desconfortável ou dolorida. A pulsação na área abdominal pode às vezes fazer o estômago roncar e talvez até o leve a liberar gases. Essa reação é um bom sinal; mostra que o seu estômago também está acordando! Conduza suas pulsações para a região inferior do abdome.

16. Esfregue as mãos quentes no abdome e na parte da frente da caixa torácica, massageando suavemente essas áreas. Desfrute essa estimulação por alguns segundos ou até por mais tempo, se quiser.

17. Sente-se. Ponha os pés no chão.

18. Devagar, balance a cabeça e gire-a quatro vezes para a direita em círculos amplos, sincronizando esse movimento com a respiração — inspire-expire-inspire-expire. Repita o procedimento, agora girando a cabeça para a esquerda.

19. Encoste a palma da mão direita no lado esquerdo da base do pescoço. Dê tapinhas suaves e firmes, começando pela base do pescoço, passando pelo ombro esquerdo e descendo pelo braço até a mão e os dedos. Dê um número maior de tapinhas nas áreas onde houver tensão. Repita duas vezes esse procedimento.

Observação: Durante o processo de canalização das pulsações da energia interior para cima — cabeça — e para baixo — tronco —, nas etapas de 1 a 16, você corre o risco de contrair os membros. Os tapinhas servem para aliviar qualquer tensão e, o que é mais importante, promover uma estimulação que conduzirá também para os membros o fluxo da energia interior ativada nas etapas de 1 a 16.

20. Encoste a palma da mão esquerda no lado direito da base do pescoço. Dê tapinhas suaves e firmes, começando pela base do pescoço, passando pelo ombro direito e descendo pelo braço até a mão e os dedos. Dê um número maior de tapinhas nos pontos de tensão. Repita duas vezes o procedimento.

21. Novamente, encoste a palma da mão direita no lado esquerdo da base do pescoço. Dê tapinhas ao longo do ombro até a extremidade do braço esquerdo. Vire a palma da mão esquerda para fora, girando também o braço. Continue com os tapinhas, descendo pelo lado de dentro do braço esquerdo até as pontas dos dedos. Repita duas vezes o procedimento.

22. Encoste a palma da mão esquerda no lado direito da base do pescoço. Dê tapinhas ao longo do ombro até a extremidade do braço direito. Vire a palma da mão direita para fora, girando também o braço. Continue com os tapinhas, descendo pelo lado de dentro do braço direito até as pontas dos dedos. Repita duas vezes o procedimento.

23. Levante-se. Balance as mãos na frente do corpo e sacuda-as vigorosamente vinte vezes.

24. De pé, com a coluna reta e observando uma distância de quarenta a 45 centímetros entre os pés, leve a mão direita até a axila esquerda com a palma voltada para o corpo e os dedos na direção das costas. Dê tapinhas firmes e suaves no lado esquerdo do corpo, descendo até o quadril; depois conduza o movimento para o centro da região inferior do abdome. Repita duas vezes o procedimento.

25. Mantendo a mesma posição, leve a mão esquerda até a axila direita com a palma voltada para o corpo e os dedos na direção das costas. Dê tapinhas firmes e suaves no lado direito do corpo, descendo até o quadril; depois conduza o movimento para o centro da região inferior do abdome. Repita duas vezes o procedimento.

26. De pé, com a coluna reta e os pés ligeiramente separados — de vinte a 25 centímetros de distância —, ponha as palmas das mãos nos quadris, com os dedos na direção das costas. Dê tapinhas firmes e suaves nas costas, movendo-se lentamente para o centro da região lombar, descendo pela parte de trás das pernas até os calcanhares. Curve-se gradualmente enquanto dá os tapinhas e depois volte à posição anterior (coluna reta). Repita duas vezes o procedimento.

27. Incline-se para a frente, com os pés mantendo uma distância ligeiramente superior à extensão dos ombros. Leve as mãos até as virilhas (a extremidade da região interna das coxas) com a palma voltada para o corpo e os dedos na direção da parte posterior das coxas. Dê tapinhas firmes e suaves na área interna das pernas, descendo lentamente até os tornozelos, curvando-se aos poucos. Repita duas vezes o procedimento.

28. Caminhe de trinta a quarenta passos — sem sair do lugar ou ao redor do quarto —, erguendo os pés bem alto. Agora você está com os olhos brilhantes, as faces rosadas, cheio de energia e pronto para ter um dia excelente.

Sempre que puder dar-se ao luxo de relaxar na cama por mais alguns minutos, aproveite a oportunidade para fortalecer as suas áreas mais debilitadas. Por exemplo, se você costuma ter dores na região lombar, deite-se de lado com os joelhos flexionados, em posição fetal. Concentre-se na região lombar. Faça a respiração *chi yi* algumas vezes e então conduza as pulsações (ou faixas de calor, ou raios luminosos) para a região lombar. Deixe essa sensação permanecer na área dolorida pelo tempo que quiser. Você pode focalizar mentalmente qualquer área do corpo e enviar energia interior para aliviar a dor e curá-la — seja a articulação de um dedo, o músculo da panturrilha ou os dentes e a gengiva.

Para começar o dia com uma luminosidade rosada, conduza as pulsações para o rosto, para estimular a pele e os músculos faciais.

APLICAÇÃO 3

Para estimular o movimento a partir do núcleo

Esta forma de aplicar o *chi yi* estabelece uma ligação entre os movimentos e o núcleo. A respiração afeta o núcleo, que, por sua vez, afeta os movimentos. Com sorte, seus movimentos podem ser instintivamente estimulados pelo núcleo, quer você tenha consciência disso ou não. Contudo, quanto mais compreender e exercitar a capacidade de mover-se a partir do núcleo, mais chance terá de controlar e aperfeiçoar seus movimentos.

Depois de praticar esta técnica do *chi yi*, você descobrirá que ampliou sua consciência e controle de cada movimento. Até a sua caligrafia poderá melhorar! No começo, exercite-se apenas de cinco a dez minutos. Aos poucos, a técnica de controle se integrará naturalmente aos seus movimentos diários, tornando-os mais graciosos, determinados e confiantes.

1. Fique de pé, observando uma distância de 25 a trinta centímetros entre os pés ligeiramente virados para fora. Junte as mãos atrás das costas e deixe-as balançar livremente.

2. Inspire fundo e expire completamente. Inspire outra vez, agora livremente, e continue respirando sem prestar atenção ao processo.

3. Contraia o músculo da região inferior do abdome e erga a região central da base do tronco.

4. Faça o exercício de imaginação ativa "Lâmpada vermelha". O mais vividamente que puder, imagine o soquete localizado no núcleo. Coloque uma pequena lâmpada vermelha no soquete e visualize a luz se acender. Imagine a lâmpada acesa.

5. Levante-se na ponta dos pés e volte a abaixar-se várias vezes. Imagine que a lâmpada se acende cada vez que você se levanta. Quanto mais força o movimento exigir, mais brilhante será a luz da lâmpada.

6. Separe mais os pés. Passe o peso do corpo de um pé para o outro algumas vezes. Imagine que a lâmpada brilha mais intensamente quando o movimento demanda mais energia.

7. Ande pelo quarto. Imagine que o brilho da lâmpada aumenta e diminui quando você tira o pé do chão e torna a pousá-lo, transferindo o peso do corpo de um para o outro.

8. Levante um braço até a altura da cabeça. Observe as reações da lâmpada. Trace com a mão grandes círculos no ar. Abaixe o braço graciosamente. O controle desse movimento também exige energia. Imagine que a luz aumenta e diminui de acordo com os movimentos de qualquer parte do corpo. Erga o outro braço e movimente-o de várias maneiras. Retire objetos da mesa e coloque-os de volta no lugar. Observe mentalmente as reações da lâmpada.

9. Vire a cabeça para um lado. Levante-a. Vire-a para o outro lado. Enquanto se move, tenha em mente a imagem da lâmpada.

10. Faça qualquer movimento com qualquer parte do corpo. Levante e abaixe um dedo. Gire os olhos. Escreva com um lápis. Mantenha a imagem da lâmpada acesa em suas várias intensidades.

APLICAÇÃO 4

Para o condicionamento físico

Você poderá adaptar facilmente a estratégia anterior, que desenvolve os movimentos estimulados pelo núcleo, para beneficiar todos os seus movimentos atléticos — que requerem muito mais precisão, força e coordenação do que os movimentos comuns do dia-a-dia. A princípio você pode ter a impressão de que este exercício prejudica a sua espontaneidade e os seus reflexos naturais; e talvez isso ocorra mesmo, até você interiorizar a técnica. Se você a praticar com empenho, porém, essa técnica logo se tornará espontânea e aprimorará os seus movimentos desportivos.

Todos os esportes exigem movimentação dos pés, em maior ou menor grau. Os seus passos determinam a direção, a posição e a capacidade de manobrar o corpo inteiro. As pesquisas que investigam os padrões de movimento e respiração dos corredores nos vários estágios de uma corrida, em condições variadas e em diferentes velocidades, revelaram que ocorre uma sincronização entre passada e respiração. A velocidade de um corredor depende tanto do número quanto da extensão de suas passadas. As experiências têm mostrado que não é necessário mudar o padrão de coordenação entre respiração e passada mesmo quando os corredores dão passadas maiores. Os cientistas continuam a estudar esses padrões de coordenação entre respiração e passada.

Um artigo datado de 1983, de Dennis M. Bramble e David R. Carrier (*Science*, vol. 219, 21 de janeiro de 1983, p. 251), relatou que os animais quadrúpedes normalmente sincronizam as passadas e os ciclos de respiração para trotes e galopes numa média constante de 1:1 (uma passada por respiração). Os atletas empregam vários padrões sincronizados (4:1, 3:1, 2:1, 1:1, 5:2, 3:2) durante uma corrida, embora o padrão 2:1 pareça ser o mais freqüente. Qualquer que seja o padrão, tudo indica que a sincronização da respiração com os movimentos é necessária durante uma corrida uniforme.

Se a sincronização entre movimento e respiração é necessária para uma corrida uniforme, também deve ser importante para a corrida não tão uniforme, e talvez seja útil para uma caminhada regular. Na verdade, essa sincronização pode melhorar o desempenho físico. Contudo, os padrões de sincronização variam de acordo com as condições e de pessoa para pessoa. Não se estabeleceu nenhuma fórmula para otimizar os resultados. Cabe a cada um descobrir, sozinho ou com seu treinador, o que é mais eficaz para si.

Onde o corredor consegue aquela energia adicional exigida para as passadas mais longas? Acho que a resposta está nos princípios do *chi yi*: a respiração mais profunda estimula o núcleo para gerar mais energia interior.

O aspecto rítmico varia muito de um esporte para outro. Em geral, o ritmo regula principalmente as modalidades não competitivas — correr, andar de bicicleta, praticar ginástica aeróbica, pular corda, andar de *skate*, e assim por diante. Os esportes competitivos, que envolvem adversários e requerem trabalho em equipe — como tênis, futebol, beisebol etc. —, geralmente obedecem menos a padrões rítmicos estabelecidos. Quanto mais ritmado o esporte, maior é o benefício que a sincronização da respiração com o movimento proporciona ao desempenho do atleta.

Esta forma de aplicar o *chi yi* lhe mostrará como gerar e conduzir a energia interior nas atividades atléticas.

1. Fique na posição que costuma adotar quando se prepara para iniciar a prática do seu esporte.

2. Se usar algum instrumento, como raquete, por exemplo, segure-o como de hábito.

3. Faça uma respiração *chi yi* (expiração e inspiração).

4. Inspire e segure o ar sem se esforçar. Una de leve os dentes das duas arcadas. Encoste a ponta da língua nos dentes da frente.

5. Emita de modo contínuo o som *ts*. Para evitar que esse som provoque tensão nos músculos do pescoço e dos ombros, ao mesmo tempo gire várias vezes a cabeça nos sentidos horário e anti-horário.

6. Durante a emissão do som *ts*, você sentirá que o núcleo se contrai e gera energia. Prolongue o som e pense no exercício de imaginação ativa "Lâmpada vermelha". Imagine que a lâmpada vermelha está acesa e brilha com intensidade uniforme — a mesma uniformidade do seu *ts* — até o final da expiração.

7. Inspire.

8. Expire sob a forma de *ts* em sílabas curtas e descontínuas. Ao mesmo tempo, siga as instruções a seguir:

   - Reproduza os movimentos do seu esporte — mova a raquete, dê uma passada, pule, salte — bem devagar (mas não demais).

   - Em cada movimento emita o som *ts* e imagine o brilho intenso da lâmpada vermelha. (Você pode executar essa etapa durante os treinos.)

9. Respire livremente, inspirando e expirando quantas vezes e com a intensidade que achar melhor. Ao expirar, emita os sons *ts* descontínuos em cada movimento e deixe a lâmpada do núcleo brilhar.

10. Repita as etapas de 7 a 9 quantas vezes quiser.

APLICAÇÃO 5

Para o magnetismo pessoal

Os artistas mais talentosos demonstram uma grande capacidade de conquistar a atenção da platéia, mas só os grandes virtuoses conseguem exercer um magnetismo contínuo, evitando que a platéia desvie os olhos e ouvidos, mesmo durante as pausas. Essa faculdade de combinar talento e magnetismo constante imprime uma força especial em cada nota, frase e movimento — como se fossem um colar de pérolas perfeitas unidas não por um fio, mas pela energia magnética interior.

As formas de aplicação 3 e 4 ensinaram a você canalizar a energia interior para a expressão física e para os movimentos. Esta técnica serve para desenvolver uma energia interior capaz de se prolongar e moldar a fim de corresponder às exigências da interpretação artística e da presença no palco. Você pode empregar essa energia em qualquer situação, seja numa sala de conferência ou num espaço cênico.

Primeiro, faça o exercício de imaginação ativa "Lâmpada vermelha". Nós trabalharemos com a imagem da lâmpada vermelha acesa na região inferior do abdome, onde se localiza o núcleo. Você deve ser capaz não só de acendê-la e apagá-la mentalmente, como também de mantê-la acesa enquanto estiver atuando. Não é necessário acionar sua intensidade máxima: o importante é controlar-lhe o brilho como se você usasse um desses interruptores que reduzem e ampliam o feixe luminoso.

Basicamente, precisamos aprender a superar o hiato entre expiração e inspiração. A lâmpada imaginária tem a tendência natural de se apagar em qualquer momento de transição. Assim sendo, temos de reavivar mentalmente o brilho após a interrupção. Essa tarefa exige um esforço adicional e pode custar-nos a perda momentânea da atenção da platéia.

Ao aplicar o *chi yi* dessa forma, você aprenderá a neutralizar a interferência desses momentos de "escuridão" do ciclo da respiração. As etapas parecem simples, mas o procedimento é complexo e pode ser mentalmente estafante. Tome cuidado para não se esforçar demais, principalmente no início: dez ou vinte segundos são suficientes para os principiantes. No final, porém, este uso do *chi yi* se incorporará de modo espontâneo à sua presença de palco. O seu empenho será regiamente recompensado.

1. Faça o exercício de imaginação ativa "Lâmpada vermelha".
2. Expire.
3. Quando estiver terminando a expiração, gire mentalmente a lâmpada para reforçar seu contato com o soquete e impedir que a luz pisque, diminua ou se apague.
4. Inspire sem qualquer alteração na luz. Continue inspirando e mantenha a lâmpada brilhando.
5. Quando estiver terminando a inspiração, mais uma vez gire ligeiramente a lâmpada para reassegurar seu contato com o soquete. Cuide para que a luz não pisque nem diminua.
6. Repita as etapas de 2 a 5 quantas vezes você conseguir sem provocar cansaço mental.

APLICAÇÃO 6

Para aliviar a dor

As incômodas pulsações que você sente quando tem uma dor constituem um sinal de alerta que exige atenção imediata. Não as ignore. Essas pulsações dolorosas estão pedindo à mente que canalize energia interior para uma área específica. Quando focaliza uma região do corpo, a mente pode enviar-lhe energia interior, cuja função é aliviar, curar e fortalecer. O espaço de tempo necessário para eliminar a dor depende do grau da aflição.

1. Inspire profundamente e expire devagar várias vezes.
2. Prossiga com a respiração *chi yi.* Ao mesmo tempo, concentre a mente em qualquer pulsação dolorosa. Para monitorá-la, conte as pulsações numa seqüência simples, como de 1 a 4 ou de 1 a 10. Repita a seqüência para evitar números cuja expressão verbal contenha muitas sílabas — o que poderia prejudicar o ritmo livre do fluxo de ar.
3. Continue contando. Em pouco tempo, você sentirá que a dor dimi-

nui e os espasmos se reduzem às pulsações regulares e não dolorosas da energia interior.

APLICAÇÃO 7

Para aliviar dores nos dedos, mãos e braços

Você pode usar o *chi yi* para aliviar dores nos músculos e membros. Por exemplo, se você sentir dor no cotovelo, conduza a sensação de pulsação da energia interior para essa área. Estimule algumas pulsações da dor no cotovelo flexionando-o ou pressionando-o. Com o braço inteiro relaxado e solto, sincronize as pulsações de energia com as de dor. Não pare a respiração *chi yi.* As pulsações de dor logo se transformarão em pulsações comuns. Monitore as pulsações no cotovelo durante uma contagem até mais ou menos 100 (ou no mínimo até 50). No final dessa contagem, você descobrirá que a dor diminuiu muito, se não tiver desaparecido por completo. É possível que as suas primeiras tentativas não produzam resultados muito evidentes, por isso repita o procedimento várias vezes, com um intervalo para descanso. Adote essa terapia sempre que for preciso.

Você pode executar esta estratégia deitado, sentado ou em pé e em qualquer lugar — diante da televisão ou numa sala de concerto —, contanto que as suas mãos estejam desocupadas.

Durante o procedimento, a sua energia interior estimulará as áreas doloridas e eliminará qualquer obstáculo à sua circulação. Suponhamos, por exemplo, que as articulações do dedo mínimo da mão esquerda estejam doloridas, devido a entorse ou artrite:

1. Aqueça a mão direita do modo que lhe for mais conveniente. Coloque-a no bolso, debaixo do casaco ou mesmo sob a axila.

2. Com a mão direita, envolva o dedo mínimo da mão esquerda, segurando-o com firmeza, mas sem apertá-lo.

3. Em alguns segundos você sentirá o dedo pulsar junto com a mão direita. O que você está sentindo são os batimentos cardíacos, cuja velocidade — de setenta a oitenta por minuto — é maior que a das pulsações criadas pela energia interior, que variam de 45 a 55 por minuto.

4. Monitore as pulsações em relação aos batimentos cardíacos durante cerca de trinta segundos.

5. Mantenha-se concentrado no dedo dolorido e segure-o com suavidade ainda maior.

6. Em comparação com os batimentos cardíacos, as pulsações dolorosas ficarão cada vez mais fracas e, quando parecer que estão desaparecendo, surgirão pulsações ainda mais lentas. São as pulsações da energia interior que estão agora assumindo o controle.

7. Durante as etapas de 1 a 6 você fez respiração *chi yi* naturalmente e não precisou pensar na respiração. Ao monitorar as pulsações mais lentas, a sua respiração se ajustará em velocidade, intensidade e quantidade. Por vezes a sua respiração poderá dar a impressão de ter se reduzido a quase nada; outras vezes você talvez sinta necessidade de inspirar de modo mais profundo e lento. Deixe o instinto comandar o processo. A essa altura, você já dispõe das técnicas de *chi yi* necessárias para reagir a qualquer demanda de ar. Se as pulsações da sua energia interior começarem a desaparecer cedo demais, inicie uma série de inspirações profundas e longas e expirações demoradas, que devem reforçar as pulsações.

8. Quando você sentir que a sua capacidade de concentração diminuiu ou que as pulsações já cumpriram a sua função, pare e relaxe.

9. Durante as etapas de 6 a 8, a dor no dedo deve ter diminuído gradualmente. Talvez tenha até desaparecido e não volte a doer. Contudo, é possível que o dedo permaneça um tanto enrijecido. Nesse caso, flexione a mão esquerda algumas vezes e massageie-a com a mão direita.

10. Recorra sempre a esse procedimento para fortalecer as articulações afetadas e evitar novas crises.

Essa estratégia também serve para aliviar a dor nos joelhos e na parte superior das coxas, se você estiver sentado e puder alcançar essas áreas sem esforço.

APLICAÇÃO 8

Para o condicionamento das pernas e dos braços

Os membros do corpo humano, além de indispensáveis para uma vida fisicamente ativa, constituem a ferramenta de trabalho de atletas, dançarinos, operários e muitos outros profissionais. Mesmo que tenhamos membros saudáveis, convém dedicar-lhes alguma atenção. Seria útil desenvolvermos a capacidade de conduzir a nossa energia interior para as pernas e os braços, não só para garantir sua saúde como para nos familiarizarmos com a técnica. Desse modo, se surgir a necessidade de condicionar, aliviar a dor ou curar qualquer um dos membros, teremos mais destreza e executaremos a tarefa de maneira mais eficaz.

Você pode adotar este procedimento assistindo confortavelmente à TV, ou dentro de um ônibus, trem ou avião, ou ainda durante uma palestra entediante — desde que ninguém esteja olhando, pois você poderia parecer um tanto distraído. Se preferir, pratique deitado na cama, embora estando sentado seja mais fácil observar as áreas que devem ser focalizadas também pelos olhos da mente.

Depois de inteiramente familiarizado com esta estratégia, você não precisará mais do auxílio da visão para guiar a corrente de energia interior, pois os olhos da mente poderão conduzir e controlar o seu fluxo. Contanto que esteja num local que permita a concentração, você poderá exercitar-se com discrição em qualquer lugar e a qualquer hora.

Para facilitar, olhe para a região afetada ao concentrar-se nela e imaginá-la com os olhos da mente. O olhar ajuda a conduzir as pulsações ou raios luminosos para aquele ponto.

Quando o seu corpo e a sua mente apreenderem esta técnica, você poderá combinar as etapas de 2 a 6 com as etapas 7 e 8; ou seja, você poderá enviar energia interior para as partes de cima e de baixo das duas pernas — e também dos dois braços — simultaneamente.

1. Comece com algumas respirações *chi yi* e estimule as pulsações da energia interior na região inferior do abdome.

2. Olhe para a extremidade superior da perna direita.

3. Focalize essa região com os olhos da mente.

4. Faça mais algumas respirações *chi yi* enquanto se concentra nas sensações daquela área da perna — pulsação, faixa de calor, raio luminoso ou qualquer outra.

5. Usando tanto a visão externa quanto a interna, guie lentamente essa sensação pela perna direita até o calcanhar, pé e dedos. Mova essa sensação ao longo da perna, parando a mais ou menos cada centímetro para dar mentalmente tapinhas naquele ponto, contando 1-2 ou 1-2-3-4. Demore-se mais tempo no pé e nos dedos, repetindo as seqüências de tapinhas.

6. Do mesmo modo, leve a sensação de volta para a extremidade superior da perna (repetindo a etapa 5 no sentido inverso).

7. Agora, mova a visão interna e a externa para a extremidade superior da perna esquerda.

8. Focalize, concentre-se e proceda como descrito nas etapas de 2 a 6, só que agora na perna esquerda.

9. Conduza a sensação da energia interior para o núcleo. Deixe-a pulsar um pouco aí. Relaxe e descanse por um momento.

Observação: Você pode terminar o exercício nessa etapa ou, se quiser, passar para a estimulação dos braços descrita nas etapas seguintes.

10. Conduza a sensação da energia interior, que estava no núcleo, para a base do pescoço. (Se você estiver retomando o exercício após um intervalo, será necessário iniciar essa etapa com algumas respirações *chi yi* para ativar a energia interior.)

11. Ponha a palma da mão direita no colo. Olhe para a extremidade superior do braço direito (ombro direito).

12. Focalize essa região com os olhos da mente.

13. Concentre-se nas sensações que surgirem nessa área — pulsação, faixa de calor, raio luminoso ou qualquer outra.

14. Usando tanto a visão externa quanto a interna, guie lentamente

essa sensação pelo braço direito até o pulso, mão e dedos. Mova essa sensação ao longo do braço, parando a mais ou menos cada centímetro para dar mentalmente tapinhas naquele ponto, contando 1-2 ou 1-2-3-4. Demore-se mais tempo na mão e nos dedos, repetindo as seqüências de tapinhas.

15. Do mesmo modo, leve a sensação de volta para o ombro direito (repetindo a etapa 14 no sentido inverso).

16. Agora, mova a visão interna e a externa para a extremidade superior do braço esquerdo (ombro esquerdo). Ponha a palma da mão esquerda no colo.

17. Focalize, concentre-se e proceda como descrito nas etapas 11 a 15, só que agora no braço esquerdo.

18. Gire a cabeça em círculos amplos: cinco vezes no sentido horário e cinco vezes no anti-horário. Pouse as duas mãos na região inferior do abdome.

19. Faça algumas respirações *chi yi* para estabilizar-se e relaxe.

Observação: Se você for interrompido durante o exercício, apenas faça algumas respirações abdominais para estabilizar e apoiar a energia interior. Então você poderá dedicar-se a qualquer outra atividade.

APLICAÇÃO 9

Para criar uma imagem de dinamismo

Apesar de ter repousado bastante e de estar muito bem vestido, você se sente cansado e amarfanhado. Sabe que sua aparência está péssima, expressando pouca vitalidade. Para agravar a situação, você está a caminho de uma reunião muito importante, ou de uma sessão de fotografias, de um concerto, entrevista ou festa. Quer causar boa impressão. Nesse instante você se encontra no carro, ou no elevador, no camarim ou na ante-sala — e precisa reanimar-se. Experimente esta técnica. Os resultados serão visíveis para os outros... e para você.

1. Expire completamente e inspire longa e profundamente para ativar a sua energia interior. Inspire pela boca e imagine que lhe chega ao nariz o aroma da sua flor predileta. Leve o ar inspirado até o ponto mais profundo do seu ser. Sinta a fragrância da inspiração por alguns segundos antes de expirar lentamente.

2. Inspire e expire livremente três vezes, inflando e contraindo a região inferior do abdome de modo deliberado.
3. Inspire a fragrância novamente e repita a etapa 1.
4. Repita duas vezes as etapas 2 e 3.
5. O seu rosto começará a se aquecer, e a sua energia interior passará a pulsar atrás do nariz e dos olhos. Deixe as pulsações se estenderem ao longo da face, gengiva, ponta da língua e lábios. Você quase sente um sorriso se insinuando em seus lábios. O seu semblante está cintilando.
6. Torne a inspirar profundamente. Expire deixando o ar transbordar por todos os lados.
7. Você está sentado — ou em pé, ou caminhando empertigado e confiante. Mantenha a energia interior pulsando no rosto e irradiando pelos olhos da maneira mais constante possível. Sua aparência está maravilhosa!

APLICAÇÃO 10

Para combater a insônia

Podemos usar a respiração como remédio para a insônia. Primeiro experimente a Aplicação 1, para relaxar. Se não resolver, concentre-se na respiração abdominal para livrar-se dos pensamentos que teimam em desviar-lhe a atenção.

A necessidade de sono varia de indivíduo para indivíduo; o *chi yi* não o fará dormir além do que você precisa.

1. Respire profundamente para estimular o núcleo (localizado na região inferior do abdome) e para produzir nele a sensação de pulsação. (Faça o exercício de imaginação ativa "Seixo", que está na Primeira Parte.)
2. Se precisar de estímulo adicional para produzir a pulsação, infle e contraia vigorosamente de dez a quinze vezes a região inferior do abdome, sempre inflando na inspiração e contraindo na expiração.

3. Depois de provocá-la, concentre-se inteiramente na pulsação.
4. Quando intensificada, a sensação de pulsação supera todas as demais. Leve as pulsações para as coxas ou para os dedos dos pés. Imagine essas pulsações como bolhas flutuantes, mas *nunca* como bolhas que estouram — essa imagem poderia agitá-lo. Observe que a sua respiração fica gradualmente mais branda e lenta, quase como se estivesse desaparecendo. Essa sensação, que produz um grande efeito calmante, deve ser estimulada.
5. Se a sua dificuldade para dormir resulta de dores ou mal-estar, conduza a pulsação do núcleo até o local afetado para obter alívio.
6. Continue a monitorar as pulsações contando-as em seqüências de quatro. Antes que se dê conta, você adormecerá.

APLICAÇÃO 11

Para aliviar as dores provocadas por flatulência

A flatulência é causada por excessos alimentares ou por tensão nervosa. Esta técnica induz pulsações da energia do núcleo para aliviar o mal-estar.

Importante: Certifique-se de que os sintomas não são causados por problemas cardíacos, apendicite, intoxicação ou qualquer outra afecção que requeira cuidados médicos imediatos.

1. Provoque pulsações da energia interior por meio da respiração *chi yi.*
2. Concentre-se e focalize os olhos da mente no local dolorido por alguns segundos, até o início das pulsações nessa área.
3. Monitore as pulsações durante a contagem até mais ou menos 100 (ou no mínimo até 50).
4. Também é aconselhável colocar as palmas das mãos sobre o local, se elas estiverem quentes, pois o calor estimula e intensifica as pulsações. Você perceberá a movimentação na área afetada, começará a liberar os gases e com isso se sentirá muito melhor.

APLICAÇÃO 12

Para descongestionar as vias nasais e os sinos

Ao primeiro sinal de mal-estar, proceda da seguinte maneira:

1. Depois de espirrar ou assoar o nariz, concentre-se na sensação de pulsação nas faces e no nariz.

Observação: Se você não conseguir espirrar ou assoar o nariz para provocar as pulsações, focalize os olhos da mente na região congestionada. Então assoe o nariz.

2. Acompanhe o ritmo da pulsação e monitore-a.
3. Ao mesmo tempo, estimule as pulsações da energia interior por meio da respiração *chi yi.*
4. Continue a monitorar as pulsações durante a contagem até mais ou menos 100 (ou no mínimo até 50). Você logo sentirá alívio.

APLICAÇÃO 13

Para aliviar a náusea

Ao primeiro sinal de mal-estar, proceda da seguinte maneira:

1. Provoque a pulsação da energia interior por meio da respiração *chi yi.*
2. Monitore as pulsações na região inferior do abdome durante um período de dez a trinta segundos.
3. Concentre-se nos pontos de desconforto no abdome, no estômago e na garganta e ative as pulsações nessas áreas.
4. Continue a monitorar as pulsações até sentir alívio.
5. Respire profundamente e relaxe. Esta técnica pode ser repetida sempre que necessário.

APLICAÇÃO 14

Para aprimorar a fala e o canto (produção vocálica)

Cada um dos diferentes sons vocálicos que você produz requer uma variação sutil na sua expiração. É importante perceber a ligação entre esses intrincados ajustes, a expiração e o fluxo de energia interior. Até certo ponto esses ajustes são feitos por reflexo, sem nenhum esforço consciente. Mas, quando nos apoiamos na energia interior seletiva para coordená-los, podemos produzir os sons com um grau muito maior de eficiência e resolver problemas de fala ou aprimorar uma voz comum.

Nós usamos apenas um dedo para tocar uma nota no piano. Não é necessário nem eficiente pressionar a tecla com os cinco dedos da mão. Seguindo essa linha de raciocínio, devemos empregar a energia interior com sensatez e habilidade para uma boa emissão do som pretendido e para evitar o esforço desnecessário ou mesmo uma lesão nas cordas vocais.

As figuras de 87 a 93 indicam as áreas onde se concentra a energia interior durante a produção das várias vogais normalmente utilizadas nos idiomas mais comuns, como por exemplo o inglês e outros idiomas europeus. Adote essas figuras como guias para canalizar a sua energia interior para os lugares apropriados.

A técnica que veremos a seguir o ajudará a desenvolver maior proficiência vocal. Comece com a vogal "a" (como em "fada"). Visualize a imagem da Figura 87 e imagine que o seu tronco é um barril grande e vazio. (Note que as Figuras 91 e 93 mostram as costas.)

1. Inspire profundamente até o fundo do barril, em conformidade com os princípios do *chi yi.*

2. Abra bem a boca para se preparar para produzir o som *a.* Certifique-se de que os maxilares estão bem separados — não só na frente, mas em toda a extensão até a ATM, de modo que os dentes molares superiores e inferiores fiquem quase em paralelo.

3. Expire com o som *a,* como se deixasse o ar reverberar pelo barril vazio. Ao mesmo tempo, imagine que a área sombreada da Figura 87 representa um respiradouro. Imagine o ar saindo por esse respiradouro ao expirar num longo, contínuo, aspirado e sussurrado *a.* Repita essa etapa várias vezes.

A COMO EM F*A*DA

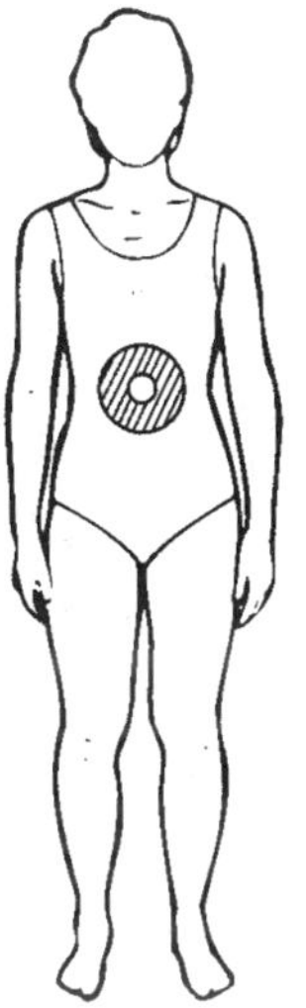

FIGURA 87.

É COMO EM *E*VA

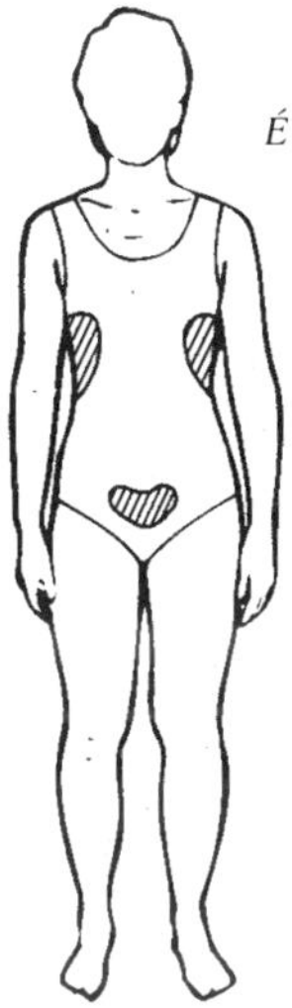

FIGURA 88.

I COMO EM *I*SA

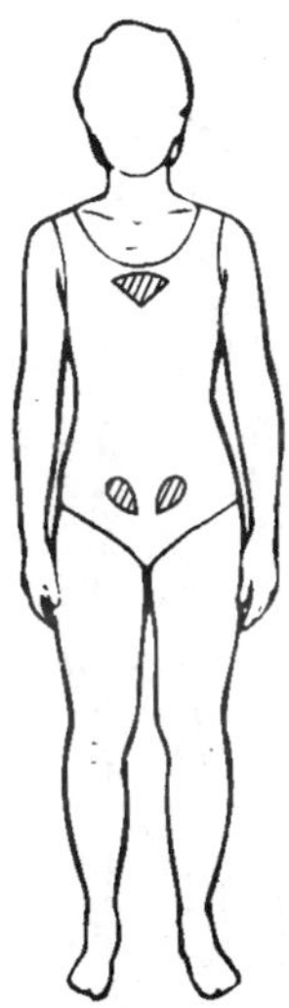

FIGURA 89.

Ó COMO EM H*O*RA

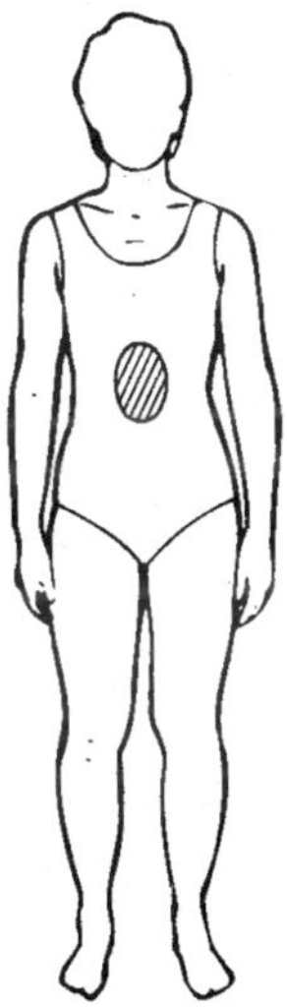

FIGURA 90.

4. Repita as etapas de 1 a 3, mas, em vez do *a* aspirado, contínuo e murmurado, use a vogal *a* da fala normal. (Os cantores podem cantar um *a legato* numa altura confortável.)

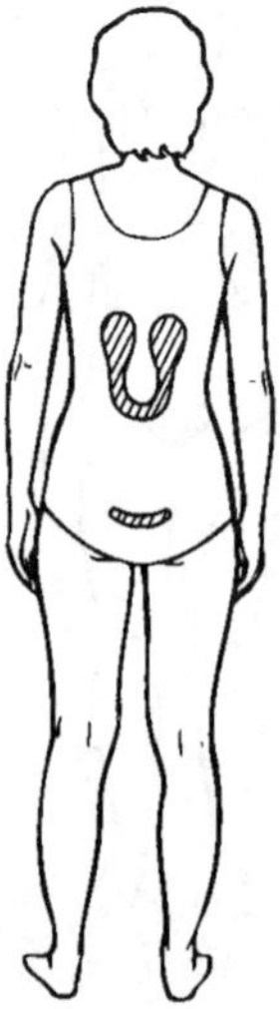

FIGURA 91.

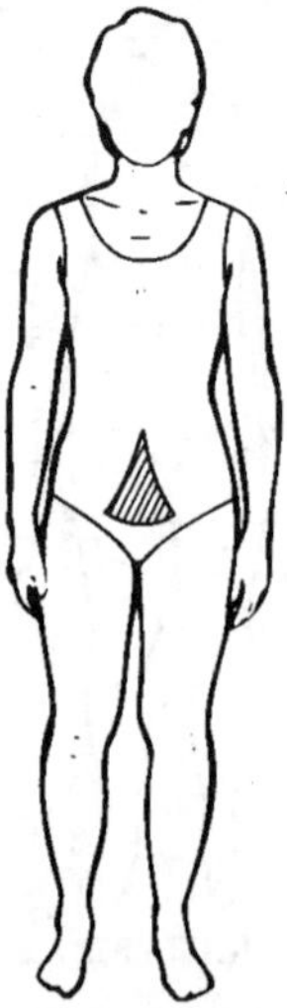

FIGURA 92.

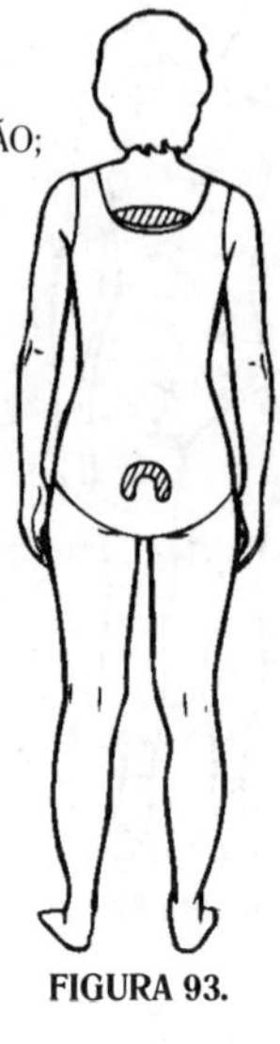

FIGURA 93.

Execute as etapas 3 e 4 com todas as vogais indicadas nas Figuras de 87 a 93, lembrando-se de abrir a boca o suficiente. Certas vogais da fala ou do canto podem apresentar uma dificuldade maior do que outras e causar uma sensação desagradável, como se arranhassem a garganta. Se não tomarmos cuidado, a execução ineficiente dessas vogais na fala cotidiana contribuirá para lesionar as cordas vocais. Dedique mais tempo à prática desses sons problemáticos, sempre com o apoio da respiração adequada e da posição apropriada da boca e da língua. Guie-se pelas ilustrações para distribuir corretamente a energia interior e assim melhorar a produção e a colocação das vogais, eliminando gradualmente as dificuldades.

À medida que progredir, você ficará apto a combinar várias vogais em qualquer seqüência, o que lhe dará mais controle e versatilidade na distribuição da energia interior. Experimente, por exemplo, emitir numa única expiração *a-é-a-é-a*. Ao produzir esses sons, treine os olhos da mente para visualizar a energia do núcleo nos pontos indicados nas Figuras 87 e 88 e alterne os pontos ao alternar os sons. Do mesmo modo, também é possível praticar com *a-é-i-ó-u-â-ü* ou qualquer outra combinação que atenda às suas necessidades. Por exemplo, se você tiver dificuldade para pronunciar ou cantar a palavra *Itu*, treine *i-u-i-u-i-u* até conseguir emitir essa combinação vocálica com extrema facilidade.

Ao selecionar uma vogal específica para praticar, você isola uma área específica do tronco para desenvolvê-la e fortalecê-la.

As vogais constituem a espinha dorsal da fala e do canto; se forem emitidas com vigor, será maior a probabilidade de as consoantes se encaixarem corretamente.

Exercício vocálico simplificado

Esta versão simplificada do exercício anterior de vogais é útil para estimular áreas isoladas do tronco, para provocar pulsações da energia interior e para ativar enfaticamente o fluxo dessa energia para uma área por vez.

1. Respire profundamente, usando os princípios aprendidos neste livro. Reveja mais uma vez os seguintes exercícios de imaginação ativa: "Conta-gotas", "Pia e ralo" e "Fio da meada".

2. Abra a boca preparando-se para produzir o som aspirado e murmurado. Cuide para que os maxilares estejam bem separados, não só na frente mas também nas ATM, de modo que os molares superiores e inferiores fiquem quase em paralelo.

3. Relaxe a língua e encoste sua ponta nos dentes da frente da arcada inferior. Expire com moderação, produzindo o som *a* de modo contínuo. Ao mesmo tempo, olhe para a Figura 87 e imagine que a área sombreada é uma abertura. Visualize o ar saindo por essa abertura e produzindo o som *a* longo, contínuo, aspirado e murmurado. Ao repetir várias vezes esse procedimento, você sentirá um ligeiro calor na parte do corpo correspondente à área sombreada.

As etapas acima servem para todas as vogais indicadas nas Figuras de 87 a 93 — que devem ser emitidas do mesmo modo murmurado, contínuo e aspirado. Ao produzir cada um desses sons, visualize a figura correspondente. Não se esqueça de imaginar o ar saindo pelas áreas sombreadas de cada figura.

É possível emitir todos esses sons vocálicos consecutivamente numa única expiração. Por exemplo, numa só expiração você pode produzir os sons *a-é-i-ó-u-â-ü.* Ou *a-ó-a-ó.* Ou *hoh-hu-hâ-hoh-hü-hâ.*

Para obter o máximo de benefício desse exercício, observe a figura correspondente a cada som durante sua emissão. Por exemplo: se, ao produzir o som *ó,* você visualizar o ar saindo pela abertura no centro do estômago (Figura 90), a emissão aspirada da vogal conduzirá a energia interior para essa área específica e, desse modo, aliviará qualquer problema estomacal. Um *â* aspirado não só beneficia a região indicada na Figura 92 como também ajuda a apoiar a inspiração subseqüente, conduzindo o ar inspirado para o núcleo.

Sugestões para empregar o que você aprendeu

Tendo completado os exercícios e técnicas de aplicação dos princípios do *chi yi* e também os exercícios de imaginação ativa descritos na Segunda Parte e na Terceira Parte, você construiu um sistema sólido e eficaz de respiração profunda, capaz de sustentar qualquer atividade. Você está no caminho certo para atingir o principal objetivo do *chi yi* — extrair o máximo de benefício do ar que inspira. Ao adotar os princípios da respiração profunda nas suas atividades cotidianas, lembre-se de que quanto mais praticamos a respiração com o núcleo, mais energia armazenamos para o nosso uso. A estimulação regular e freqüente do núcleo por meio da respiração profunda gera uma energia que desenvolve a acuidade mental e aprimora o desempenho físico.

Lembre-se: quanto mais você praticar, maior será sua aptidão para o *chi yi* e mais fáceis e naturais suas técnicas lhe parecerão. A sua motivação, concentração e persistência serão recompensadas, pois, à medida que o *chi yi* se tornar um hábito, você ganhará em vigor, graciosidade, radiância e bem-estar.

Todos os exercícios da Segunda Parte foram cuidadosamente planejados para atingir determinados propósitos. Agora que domina esses exercícios, você pode criar um programa só seu, organizando-os da forma que lhe for mais conveniente, repetindo-os e combinando-os em seqüências diferentes. Se um determinado exercício de imaginação ativa lhe for particularmente útil no aprendizado da respiração *chi yi*, pratique-o com freqüência até não surtir mais efeito. Então substitua-o por outro — ou invente um.

Mantenha-se flexível em sua abordagem, experimente com bom senso e ajuste os exercícios para adequá-los às suas necessidades pessoais. Faça um ou dois exercícios antes de iniciar a prática de seu esporte predileto ou sempre que precisar de uma injeção de ânimo. O investimento de alguns minutos por dia trará um retorno espantoso no seu desempenho geral.

Acima de tudo, espero sinceramente que você aproveite não só a prática em si, mas também todos os benefícios físicos e mentais que o *chi yi* proporciona.

Quarta Parte

Chi yi: Perguntas e respostas

Um diálogo sobre o chi yi

Meus parabéns! Depois de trabalhar com afinco ao longo das três partes anteriores, você chegou à Quarta Parte, uma seção só de perguntas e respostas. Agora você já interiorizou uma técnica de respiração que o ajudará a explorar todo o seu potencial em muitas áreas da vida. A Quarta Parte lhe oferece a oportunidade de ampliar as formas de aplicação dessa técnica à medida que o poder da sua imaginação se aprofundar. Você também aprenderá a alcançar níveis mais elevados de controle do seu bem-estar físico e mental.

Caso tenha aberto o livro diretamente nesta seção, saiba que aqui encontrará informações fundamentais sobre a arte de respirar, bem como as técnicas que o guiarão no desenvolvimento da respiração abdominal profunda.

A presente edição de *A Arte de Respirar* me permitiu aprofundar, com o auxílio dos leitores, o estudo sobre o uso do *chi yi*, bem como a criação de formas novas e mais personalizadas de aplicá-lo. Embora eu ensine canto há mais de três décadas e tenha conduzido inúmeros seminários e oficinas para ajudar as pessoas a aprimorar suas técnicas de respiração, não posso alimentar esperanças de satisfazer cada necessidade individual. O melhor que posso fazer é estabelecer um diálogo neste livro, por meio de perguntas e respostas.

Ensinar e aprender formam um processo interativo. Eu gostaria de expandir esse processo num círculo de aprendizado e ensino. Muitas das questões incluídas na Quarta Parte foram propostas ou inspiradas por alunos e participantes dos seminários. Outras são dúvidas de leitores das edições anteriores. Talvez uma das questões discutidas aqui responda às suas dúvidas e produza um resultado que você tentava alcançar num esforço solitário.

Perguntas e respostas

Ao dedicar sua atenção às cinqüenta perguntas e respostas da Quarta Parte, você entenderá não só os problemas que as pessoas enfrentam durante a prática de respiração como também a melhor maneira de solucioná-los. Para você que pretende tornar-se um aprendiz — ou futuro professor ou terapeuta —, essa comunhão de conhecimentos oferece uma visão mais abrangente para ajudar a si mesmo e aos outros. A lista abaixo identifica cada pergunta/resposta pelo número e acrescenta uma breve descrição do seu conteúdo.

1. Os princípios do *chi yi*
2. O que é *chi*?
3. *Chi* e religião
4. Respirar é um ato instintivo?
5. Um erro comum na respiração
6. Sintomas da respiração superficial
7. Há interrupção entre uma respiração e outra?
8. A respiração profunda correta
9. A respiração incorreta com os ombros
10. A respiração pelo nariz ou pela boca
11. A poluição do ar
12. A tensão na língua bloqueia o fluxo de ar
13. A sensibilidade da gengiva
14. A tensão na mandíbula e no pescoço
15. O alívio da congestão nasal
16. Os males físicos e o envelhecimento
17. Dor na região lombar
18. Na cadeira de rodas
19. O enfisema
20. A asma
21. Os fumantes

22. A maternidade/paternidade e o *chi*
23. Quando a criança prende a respiração
24. Problemas de audição
25. Doenças ocupacionais
26. A voz rouca
27. A linguagem corporal
28. A tensão do corpo
29. Os terapeutas corporais
30. As interrupções na respiração
31. A falta de fôlego
32. A melhora do desempenho nos esportes
33. A ansiedade no trânsito
34. A limpeza dos pulmões
35. A insônia
36. A convalescença
37. Fragrância e inspiração
38. Exercícios físicos e respiração
39. O ato de centrar-se
40. O volume da voz
41. A timidez
42. A fala e o envelhecimento
43. A respiração ruidosa
44. A postura
45. A respiração profunda curta e longa
46. Um cantor e o medo do palco
47. Um trompetista
48. O riso
49. Uma estratégia para animar-se
50. Uma pergunta para a autora

1 *Os princípios do* chi yi *descritos em* A Arte de Respirar *são similares aos da* yoga, do tai chi, do chi kung *e de outras disciplinas asiáticas?*

Chi yi é um termo que eu cunhei. Traduzido literalmente, significa *respiração arte* ou *a arte da respiração.* Qualquer coisa que aprendamos a fazer bem se torna uma arte. Minha mensagem é muito simples: respire bem, e você desenvolverá outros talentos e faculdades. Sem essa capacidade básica não é possível ter um grande desempenho nem uma saúde perfeita.

Pense nos "grandes respiradores" — atletas com ótimo condicionamento físico, *yogues*, os Pavarotti e as Streisand —, que provocam admiração e inspiram platéias com suas proezas e expressão artística. Além de talento e perícia, todos têm um controle extraordinário sobre a respiração.

Graças ao meu treinamento e à experiência bicultural, pude combinar técnicas e conceitos do Oriente e do Ocidente para elaborar a arte de respirar, ou *chi yi*. *Chi yi* é um método simples para desenvolver uma técnica de respiração capaz tanto de assegurar um amplo suprimento de oxigênio e de *chi* quanto de ensinar a empregá-los com eficácia. Ao contrário de muitas das disciplinas antigas — como *chi kung*, *tai chi*, *yoga* e as artes marciais —, a arte de respirar é uma habilidade aprendida que não se vincula a nenhuma filosofia. Entretanto, a técnica de respiração que você aprende neste livro reforça todas essas grandes disciplinas e de modo algum contradiz seus princípios.

Todas as antigas disciplinas asiáticas estão interligadas e visam ao mesmo objetivo principal: o desenvolvimento físico, mental e espiritual do indivíduo. Todas exigem a coordenação da respiração com o condicionamento físico. Todas baseiam seus princípios na forma mais importante e sutil de energia — conhecida como *chi* ou *ki* ou *prana*. O que as diferencia são os aspectos enfatizados e a abordagem.

- O *tai chi* enfatiza os resultados obtidos por meio de movimentos corporais disciplinados. Às vezes considerado um treinamento de defesa contra um adversário imaginário, foi criado originalmente como uma arte marcial *chi kung*. Nas últimas décadas, por demanda popular, passou a ser empregado como método para cultivar a saúde e o equilíbrio, em detrimento de seu uso original como técnica de autodefesa.

- O *chi kung* enfatiza os resultados obtidos com o disciplinamento da mente. É a disciplina que cultiva a energia *chi* e sua circulação dentro do corpo, por meio da respiração, de movimentos apropriados e da meditação.

- A *yoga* enfatiza os aspectos espirituais e filosóficos, por meio do domínio sobre o corpo e a mente. O desenvolvimento da *respiração completa* é vital para a prática da *yoga.*

2 *O que é* chi?

Na prática do *chi kung*, a palavra *chi* representa a energia vital básica da humanidade e do universo. O *chi kung* ensina um estilo de vida saudável, meditação e movimentos corporais para o desenvolvimento da respiração *dan tien* — ou respiração com e para o núcleo. A respiração *dan tien* gera e mobiliza o *chi* para a conquista da saúde e da felicidade.

Na qualidade de cantora lírica e professora de música tradicional do Ocidente por mais de três décadas, fiquei totalmente imersa na respiração diafragmática profunda, que se tornou uma parte inseparável da minha existência. A emocionante descoberta da semelhança entre a respiração *chi kung* e a minha respiração como cantora me convenceu de que essa técnica sólida de respiração é universal e intemporal.

O uso da energia *chi* não é novidade na cultura ocidental — que apenas não a definiu nem lhe deu um nome. Na civilização ocidental, os grandes cantores, atletas, bailarinos e outros profissionais que usam o corpo — até mesmo os soldados e os agentes de cura — lançam mão dessa energia vital interior.

Como cantora, estou habituada a sentir e a lidar com essa sensação interior especial que impulsiona os sons vocais que emito e que constitui o meu ingrediente especial para moldar e colorir as frases musicais. Essa vitalidade me ajuda a projetar as emoções e me torna carismática quando estou no palco. A maioria dos artistas está familiarizada com a existência desse poder invisível e inexplicável, que jamais recebeu um nome. Eu tampouco me dera ao trabalho de identificá-lo até experimentar o efeito do *chi kung*. De repente, percebi que todos aqueles resultados eram produzidos e sustentados pelo poder do *chi*. Trata-se da mesma energia *chi* na qual a medicina chinesa baseia seus princípios de cura. Quando o *chi* é dirigido para o exterior, aprimora o desempenho. Quando circula apenas internamente, alivia as dores e cura doenças.

De acordo com os princípios do *chi kung*, cada indivíduo é sustentado, ao longo da vida, por um composto *chi* que combina dois tipos: o *chi pré-natal* e o *pós-natal*. Nós herdamos o pré-natal, também conhecido como *chi original*, no momento da concepção. Depois do nascimento, adquirimos e absorvemos o *chi* pós-natal de fontes naturais como os nutrientes, o ar e a água. Nós amadurecemos o *chi* pós-natal com uma vida disciplinada, uma mente motivada e movimentos corporais. Esse composto interior *chi* é vital para o nosso bem-estar e para sustentar todas as nossas atividades. Sem o *chi*, o indivíduo morre.

Pesquisas científicas recentes facilitaram a definição do *chi*. Existem atualmente instrumentos de alta sensibilidade que podem captar e observar atividades de correntes de *chi* que antes não podiam ser detectadas. Consta que instrumentos capazes de reconhecer a luz infravermelha registraram imagens do *chi* emanado das mãos dos mestres de *chi kung*. O fenômeno do *chi* como componente do processo de cura foi primeiramente observado na China, há milhares de anos. Depois de tanto tempo, é bem possível que o mundo científico ocidental o esteja descobrindo.

3 *O princípio do* chi *conflita ou tem relação com alguma religião específica?*

O *chi* é um elemento invisível como o vento, o frio ou o calor. Uma circulação abundante de *chi* pelo corpo denota saúde, enquanto sua diminuição ou estagnação produz enfermidades. As condições do nosso *chi* espelham as da nossa atmosfera interna. A brisa, a luz e outros elementos afetam a nossa atmosfera externa. O *chi* é como um sol interior, absolutamente essencial para o nosso bem-estar físico e mental.

Os chineses reconheceram a existência do *chi* antes de 2000 a.C., no tempo do Imperador Amarelo. A documentação histórica sobre o fenômeno do *chi* remonta à era anterior a Lao Tsé, que o descreveu em seu *Tao Te King*. O cultivo e a propriedade terapêutica do *chi* desempenham um papel importante na história da cultura chinesa e de sua medicina tradicional.

O *chi kung* é uma das disciplinas antigas que tiveram origem na necessidade de cultivar e empregar o *chi*. Como se tratava de um método muito eficaz para preservar a saúde e desenvolver a acuidade mental, os monges taoístas e budistas chineses praticavam-no para alcançar a sabedoria e a iluminação de Buda. O *chi kung* aos poucos se tornou uma disciplina regular nos mosteiros. Contudo, o simples fato de os monges budistas o praticarem não implica que o *chi kung* faça parte do budismo, do taoísmo ou de qualquer outro sistema religioso ou político.

Ao longo da vida, tive o privilégio de extrair os benefícios das crenças e práticas ocidentais e orientais sem considerá-las uma parte da minha crença religiosa. Para mim, as disciplinas antigas e os métodos milenares de cura podem associar-se com sucesso às vitaminas e pílulas da farmacopéia ocidental mais moderna, desde que se proceda com sabedoria. A idéia de escolher um método e condenar o outro parece risível e demonstra estreiteza mental. Por que não aproveitar tudo o que possa proporcionar um benefício genuíno, não importando de que canto do mundo seja proveniente? Os métodos de cultivo da energia *chi*, ou a própria noção de *chi*, têm tanta ligação com o budismo quanto a prescrição de vitaminas tem com o cristianismo.

4 *Estou acostumado e me sinto bem com o meu jeito de respirar. Por que eu precisaria aprender a respirar? Não é um ato instintivo?*

Respirar é um ato instintivo, o que não significa que respiremos bem instintivamente. É sempre possível aperfeiçoar a respiração. Os seres humanos aprenderam a aperfeiçoar muitas das atividades instintivas. Aprendemos a correr mais depressa, a saltar mais alto, a cantar melhor e até a mastigar com mais eficiência. Como respiração é vida, e temos de respirar o tempo todo para sobreviver, não devíamos considerar a respiração como o nosso ato mais importante?

Os atos instintivos são aqueles que simplesmente ocorrem, sem que tenhamos de pensar neles. Podemos respirar sem pensar em como fazemos isso. Mas suponha que chegue um momento em que precisemos *fazer* a respiração acontecer, e não saibamos como. Se já viu alguém com dificuldade para respirar, ou se já teve de se esforçar para conseguir inspirar, você sabe o quanto qualquer interrupção na respiração é assustadora. Se dominar a arte de respirar, você terá melhores condições de enfrentar qualquer problema de saúde que dificulte a sua respiração. Na verdade, se soubermos iniciar e regular a respiração, poderemos controlar qualquer outra área da nossa vida.

Respirar é o nosso ato mais importante porque o realizamos ininterruptamente durante a vida inteira. O modo como respiramos afeta não só o bem-estar de cada fibra do nosso corpo, mas também tudo o que pensamos, sentimos ou fazemos. Cada um de nós respira em média 20 mil vezes a cada 24 horas. Pense nos benefícios cumulativos que ganharemos se melhorarmos cada respiração, nem que seja só um pouco.

Quando realizamos de modo inadequado outros atos instintivos, como andar e falar, as pessoas ao nosso redor percebem e indicam a deficiência. Mas, quando se trata do ato instintivo de respirar, temos poucas informações acerca do nosso desempenho. Se não observar a própria respiração, que chances você terá de evitar o agravamento dos maus hábitos ou das deficiências? Aprender a respirar e a controlar a respiração o ajudará a cuidar de si mesmo e a se tornar um ser humano completamente saudável.

5 *Qual é o erro mais comum na respiração?*

Respirar superficialmente. Os seres humanos nasceram para respirar profundamente, num processo às vezes chamado de *respiração abdominal*. Se você observar um bebê dormindo, perceberá que seu estômago sobe e desce conforme ele inspira e expira. À medida que crescemos, muitos de nós perdem essa capacidade inata de respirar profundamente e acabam por usar apenas a região superior dos pulmões.

A respiração profunda implica insuflar os pulmões inteiros, até o fundo. Ou seja, inspiramos até o ar preencher toda a extensão dos pulmões. Na respiração superficial empregamos apenas a região superior — e a região inferior fica ociosa, de modo que não aproveitamos todo o potencial dos pulmões.

Quando usamos a expressão *respiração abdominal* para descrever a respiração profunda, não queremos dizer que o ar inalado desce realmente até o abdome. Queremos simplesmente indicar que empregamos o abdome na respiração, com o intuito de abaixar o diafragma para ampliar a capacidade dos pulmões. A respiração superficial é uma das razões por que as pessoas mais velhas reclamam de problemas respiratórios. Nunca é tarde demais para aprender e se aprimorar.

Um adágio antigo diz que respirar pela metade é viver pela metade. Essa sabedoria traz implícita a idéia de que é preciso muito mais do que apenas inalar oxigênio suficiente. Quem ao longo da vida respira pela metade, ou superficialmente, nunca descobre os prazeres e benefícios da respiração profunda e não desfruta a qualidade superior de existência propiciada pela abundância de oxigênio e de energia *chi*. Podemos canalizar essa energia vital interior — que serve de base para as práticas médicas e marciais chinesas —, o *chi*, para qualquer ponto do corpo, para fortalecê-lo, aliviar suas dores ou curá-lo. Essa propriedade anódina pode não só mitigar dores e mal-estares como também dar serenidade à pessoa para que relaxe e durma.

Ao longo deste livro, você encontrará vários exercícios de imaginação ativa que o ajudarão a vivenciar sensações específicas no corpo. Com o exercício de imaginação ativa "Conta-gotas", da Primeira Parte, você se familiarizará ou lembrará rapidamente a sensação de respiração abdominal profunda. Seria interessante parar um momento para executá-lo antes de seguir adiante.

6 *Quais são os sintomas mais evidentes da respiração superficial?*

Os três sintomas mais evidentes são:

- Expansão do abdome na expiração e contração do estômago na inspiração. Para respirar profundamente, imagine o abdome como um balão. Quando você inspira, o balão se enche de ar; quando você expele o ar, o balão se esvazia. Não se preocupe com o fato de que o ar nunca chega realmente até o estômago. Para uma explanação mais minuciosa, consulte o exercício de imaginação ativa "Sanfona" (Primeira Parte).

- Erguer desnecessariamente os ombros durante a inspiração. Esse item será explicado na Questão 9.
- Arquejar audivelmente durante a fala. Esse item será explicado na Questão 43.

Agora, faça a si mesmo as perguntas a seguir. Se a maioria das respostas for sim, você precisa melhorar a sua respiração.

- A sua língua se afasta dos dentes quando você respira fundo? Em caso positivo, veja a Questão 12.
- A sua região lombar se enrijece quando você inspira ou expira? Em caso positivo, veja a Questão 17.
- Você aperta os dentes na maior parte do tempo? Em outras palavras, as suas arcadas se tocam o tempo todo (quando você não está falando ou comendo?). Em caso positivo, veja a Questão 14.
- A sua voz fica rouca com facilidade? Em caso positivo, veja a Questão 26.
- Você sente tensão na caixa torácica? Em caso positivo, veja a Questão 28.
- As pessoas têm dificuldade para entender o que você fala? Em caso positivo, veja a Questão 40.

7 *Há interrupção entre uma respiração e outra?*

Depende do que você considera interrupção.

A respiração consiste em uma inspiração e uma expiração, ou uma expiração e uma inspiração. Qualquer uma dessas definições é correta, porque uma conduz à outra. Podemos definir respiração como uma repetição contínua desse ciclo, um conduzindo ao outro. Não são ciclos estanques. Você pode demorar o tempo que quiser nessa passagem da inspiração para a expiração, mas eu não chamaria isso necessariamente de interrupção.

Comparemos respirar com guiar um carro. Quando está dirigindo para a frente e quer dar marcha a ré, você breca e dá a si mesmo algum tempo para reverter a marcha, mas não desliga o motor. É um processo contínuo, com pausas para as mudanças de sentido. Com a respiração acontece algo semelhante, só que mais importante. Assim como ocorre com o ciclo de plantio e colheita, esse é um processo que não convém apressar. Nas nossas atividades cotidianas, sabemos instintivamente quando inspirar e quando expirar. Você pode fazer uma pausa, mas não uma verdadeira interrupção. Para exercitar-se com eficácia, você deve regular a respiração de acordo com os objetivos visados.

Imagine, bem devagar, que durante a inspiração profunda nós inalamos oxigênio e o deixamos atuar. A inspiração profunda estimula o núcleo, o que gera energia *chi*. Na expiração, o dióxido de carbono é expelido. Ao mesmo tempo, a energia *chi* está sendo gerada ou canalizada para energizar, ampliar a capacidade ou curar. Portanto, se você considerar como interrupção o tempo necessário para inverter o sentido da respiração, eu direi que existe interrupção. Mas o uso dessa palavra pode causar mal-entendidos. Eu prefiro referir-me a essa pausa como um *ritardando* intencional.

8 *Aprender a inflar em vez de contrair o abdome na inspiração ajudou-me a superar meus problemas respiratórios. Como explicar isso aos meus amigos que também precisam de ajuda de um modo que eles possam entender?*

É importante compreender a função dos músculos abdominais na respiração. Observe a Figura 1 (Primeira Parte). Localize o diafragma, que é uma faixa de músculo que separa a cavidade do pulmão da do estômago. O diafragma é ao mesmo tempo o piso sobre o qual os pulmões se assentam e a cúpula do abdome. Essa cúpula é controlada pelas paredes abdominais, ou músculos abdominais. Os músculos abdominais se ligam aos dos flancos e da região lombar, formando o que neste livro chamamos de *circunferência inferior.*

Quando você respira corretamente, o diafragma desce, fazendo que os pulmões se alonguem. Expandir a circunferência inferior não só alonga os pulmões, mas também o diafragma, aumentando sua dimensão. Isso faz as costelas inferiores se projetarem para fora, ampliando a região inferior dos pulmões.

Ao fazer o oposto — ou seja, ao esvaziar e contrair o abdome na inspiração —, os músculos abdominais empurram o diafragma para cima, forçando-o para dentro da cavidade dos pulmões e, assim, encurtando-os. A não-utilização da região inferior dos pulmões na inspiração resulta inevitavelmente em respiração superficial.

Quando respira superficialmente, você luta contra o ar toda vez que inspira. Na inspiração, as pessoas que respiram superficialmente contraem o estômago, empurrando o diafragma para cima e resistindo, portanto, à entrada do ar — o que torna cada inspiração mais trabalhosa e exige um esforço desnecessário.

Use o exercício de imaginação ativa "Sanfona", descrito na Primeira Parte, para ilustrar o processo de respiração. A seguir, um exercício de imaginação ativa eficaz para os que querem mais sutileza.

EXERCÍCIO DE IMAGINAÇÃO ATIVA

Lótus

Imagine um grande botão de lótus dentro da região inferior do abdome. Quando você inspira, o botão se abre de modo gradual e delicado até florescer por completo. Quando você expira, a flor se fecha com firmeza, unindo as pétalas e voltando a ser um botão.

9 *Se levantar os ombros na inspiração é errado e pode até impedir a respiração profunda, por que tantos de nós acabam desenvolvendo esse hábito?*

Ao longo da vida, principalmente na infância, nós inconscientemente imitamos as pessoas que nos rodeiam — nossos amigos, pais, professores e outros. Por muitas e boas razões, as pessoas rotineiramente nos recomendam respirar fundo, e nós mostramos ter acatado a sugestão da maneira mais visível — levantando os ombros. Como respirar é uma ação interna, é difícil demonstrá-la externamente. Levantar os ombros, por mais enganoso que seja, parece ser o único gesto capaz de indicar respiração profunda. Você talvez se lembre de algum professor de música que instruiu a classe para erguer os ombros com entusiasmo ao respirar fundo. Ou de um médico que lhe pediu para inspirar fundo, erguendo os ombros, enquanto o auscultava. Nós mesmos, inúmeras vezes, podemos ter cometido o erro de dizer a alguém para erguer os ombros como prova de que estava respirando fundo.

Quando levantamos os ombros na inspiração, nós erguemos simultaneamente os músculos do diafragma. E assim empurramos para cima a região inferior dos pulmões, diminuindo consideravelmente a sua capacidade.

Quando respiramos corretamente, o diafragma desce, abrindo espaço para os pulmões se alongarem. Erguer os ombros produz o efeito contrário — suspende o diafragma justamente no momento em que a inspiração se inicia.

Existe outra desvantagem. A tensão nos ombros em cada inspiração faz de você um forte candidato a dores nessa área — que podem atingir também o pescoço e as costas — e a vários outros problemas. Essa tensão tende a se espalhar. Além disso, quando é constante, a tensão evolui para dores crônicas e se estende a outras partes do corpo.

Você talvez tenha observado que os grandes cantores líricos, os intérpretes de instrumentos de sopro e outros "profissionais da respiração" às vezes parecem erguer os ombros quando respiram fundo. Contudo, se prestar mais atenção, perceberá que eles primeiro inflam completamente os pulmões de baixo para cima, então inalam mais ar, maximizando a capacidade também da região superior dos pulmões. Nesses momentos, podem dar a impressão de levantar os ombros.

Leia o exercício de imaginação ativa "Sanfona" (Primeira Parte) para compreender essa questão com mais profundidade.

10 *O que é mais correto: inspirar pelo nariz ou pela boca?*

Na maior parte do tempo nós tendemos a inspirar e expirar pelo nariz. Afinal de contas, ele é a porta principal da respiração.

Em geral eu recomendo respirar pelo nariz — sempre que for prático e possível — no dia-a-dia.

O papel da boca na respiração é o de porta secundária. Às vezes é impossível respirar pelo nariz, então a boca deve entrar em ação. Por exemplo, quando o nariz está congestionado em razão de gripe, a sua única escolha para sobreviver é respirar pela boca.

Às vezes precisamos de uma inspiração longa, mas rápida. Nesses casos, é mais eficaz respirar pelo nariz e pela boca ao mesmo tempo. Quando nadamos, usamos apenas a boca para inalar grandes quantidades de ar. Tendemos a respirar pela boca e pelo nariz quando, durante uma conversa, precisamos recuperar o fôlego depressa. Quando a eficiência da respiração é vital, não deixe que a dúvida sobre usar o nariz ou a boca o atrapalhe.

Talvez você tenha notado que em alguns exercícios de respiração existe uma instrução para respirar pelo nariz ou pela boca. Essas recomendações são feitas apenas quando se visa a resultados específicos. Nas suas atividades cotidianas, deixe a respiração — seja pelo nariz ou pela boca — acontecer como reflexo instintivo.

O aspecto que devemos ter sempre em mente é a importância fundamental da respiração abdominal profunda. Quando nos concentramos no nariz ou na boca durante a respiração, podemos deixar tensos os músculos dessas áreas e, desse modo, estreitar as vias por onde o ar trafega. Esse estreitamento pode causar ruídos indesejáveis na respiração, como arquejos e ofegos. Mesmo os locutores profissionais e personalidades públicas às vezes sofrem dessa síndrome de insuficiência de ar.

Em vez de concentrar-se no nariz ou na boca durante a respiração, faça o seguinte: imagine que o ponto de interseção entre o fundo do nariz e a garganta é a abertura de um funil. O segredo é a respiração profunda. Para maiores detalhes sobre a imagem do funil, consulte o exercício de imaginação ativa “Funil e balão” (Primeira Parte).

11 *Considerando a poluição do ar, principalmente nas grandes metrópoles, será que vale a pena respirar profundamente — ou seja, inspirar uma quantidade maior de ar poluído? Na verdade, desde que eu me mudei para uma cidade grande, tenho tentado respirar o mais superficialmente possível. Sei que a poluição afeta a minha saúde. O que devo fazer?*

Respirar implica inspiração e expiração. Pense no processo como *expirar* e *inspirar*. É como esvaziar uma caixa antes de tornar a enchê-la. Se você não expirar completamente, não será capaz de inspirar completamente.

Saber como expirar por completo é de extrema importância, em especial quando o ar que se inspira não é muito puro. Mesmo que você inspire o mínimo, numa tentativa de evitar os poluentes, é possível que uma certa quantidade de ar alcance a região inferior dos pulmões e fique estagnada aí por um longo tempo, a menos que seja expelida.

Costumo comparar essa situação às pequenas poças de água parada. A água estagnada pode fazer proliferar uma porção de insetos. Imagine o estrago que uma pequena bolsa de ar estagnado nos seus pulmões poderia fazer na sua saúde. A respiração mais eficiente e o uso da plena capacidade dos pulmões aumentam o seu suprimento de oxigênio e, ao mesmo tempo, garantem a renovação do ar nos seus pulmões.

Você revelou que tem respirado superficialmente. Presumo que com isso quis dizer que está evitando respirar do modo habitual. Se a sua respiração era profunda, agora é superficial. Mas, se já era superficial, agora você entrou na zona de risco para a saúde.

EXERCÍCIO ESPECÍFICO: QUESTÃO 11

A poluição do ar

1. Antes de iniciar sua próxima respiração intencional, sente-se numa cadeira e sacuda o corpo com vigor várias vezes.
2. Contraia o estômago para expelir o máximo de ar possível. Procure expirar por completo.
3. Deixe os seus músculos abdominais se expandirem enquanto você inspira fundo, inflando todo o tronco.
4. Expire e inspire quantas vezes a sua resistência permitir.

Eu acho que você considerará essa respiração profunda purificadora e estimulante. Se tiver disposição, reveja os Exercícios 1A e 1B (Lição 1 - Segunda Parte).

12 *Às vezes, quando respiro fundo com o propósito deliberado de relaxar, minha língua parece bloquear o fluxo de ar, e eu acabo me sentindo mais tenso que antes. Como evitar isso?*

Eu costumo me referir à língua como a unidade de medida da tensão do corpo. Pare um instante para verificar a condição da sua língua.

Está retraída, longe dos dentes da frente, tensa, parecendo um caroço? Se for esse o caso, você não está relaxado, mesmo que acredite estar. Em algum lugar do seu corpo existe tensão.

Além de indicar *stress*, a língua tensa pode ser um obstáculo para o fluxo do ar até os pulmões. A língua não só causa e acumula tensão, mas também a dissemina.

A tensão na língua se estende para a garganta e as cordas vocais. Quando falamos ou cantamos com essa tensão, empurramos o ar pelas cordas vocais, forçando-as a vibrar e produzir sons quando estão rígidas — o que constitui uma das causas da aspereza e de outros problemas que afetam a voz. Você certamente já ouviu alguém dizer, até mesmo as crianças: "Não quero cantar mais. Está machucando a minha garganta".

EXERCÍCIO DE IMAGINAÇÃO ATIVA

Relaxamento da língua

Na sua mente, visualize a ponta da língua. Percorra todo o caminho da língua até a garganta. Imagine que a língua se estende até a garganta e a ultrapassa, que sua raiz termina na boca do estômago — no núcleo. Encoste a ponta da língua nos dentes da frente da arcada inferior. Imagine-se dissolvendo esse caroço rígido que está dentro da sua boca. Deixe essa sensação relaxante fluir até o núcleo. Inspire expandindo o abdome e deixe o ar deslizar vagarosa e suavemente da ponta da língua até a boca do estômago. Procedendo assim, você respirará profundamente e também dissolverá a tensão do corpo inteiro.

Pratique o Exercício 2A e o exercício de imaginação ativa "Bala de canhão", ambos da Lição 2, para desenvolver uma capacidade maior de relaxar a língua.

13 *Meu dentista e meu periodontista fizeram o que podiam, mas ainda tenho grande sensibilidade e dores freqüentes nos dentes e na gengiva. Será que posso resolver esse problema com o* chi*?*

Quando dirigimos o fluxo do *chi* para qualquer área do corpo, melhoramos seu estado geral. Os dentes e a gengiva não são exceção. Por experiência própria, não acho que a sensibilidade da gengiva e dos dentes seja difícil de superar com a ajuda do *chi*, já que esse desconforto em geral se traduz em pulsações dolorosas. Considere essas pulsações como um desafio. Enfrente-o contando as pulsações. Continue a contá-las até a sensação dolorosa evaporar e restarem apenas as pulsações calmantes. Sempre que contar as pulsações dolorosas, cuide para que cada inspiração desça até a boca do estômago e se estabilize aí. E para que, ao expirar, quando o ar subir na direção da gengiva, a respiração permaneça ancorada no núcleo.

Todos sabemos que a comida muito quente, fria, doce ou ácida tende a causar hipersensibilidade e dores nos dentes. Às vezes, podemos tirar partido desse fato dando início às pulsações com, digamos, uma bebida quente. Aproveite a oportunidade para provocar uma corrente de pulsações de *chi* para estimular e fortalecer a gengiva. Você pode exercitar a gengiva dessa forma quando não estiver fazendo nada ou estiver vendo TV.

Consulte seu dentista se o problema se revelar mais sério.

14 *Sempre que estou ansioso ou cansado, minha mandíbula começa a doer, os músculos do pescoço ficam terrivelmente tensos e tenho dificuldade para respirar. Por que isso acontece? Qual é o meu problema?*

Desconfio que você tenha o hábito de ranger os dentes quando está tenso. Na próxima ocasião em que sentir dor na mandíbula e tensão no pescoço, verifique se não está cerrando demais os dentes. Eu não me surpreenderia se você descobrisse que a mandíbula também está contraída e que às vezes há um zumbido em seus ouvidos.

Nos momentos de *stress*, quando a mandíbula e a boca se enrijecem a tensão tende a se espalhar pelas áreas vizinhas, estendendo-se até o fundo da boca — então, a garganta se estreita, restringindo o fluxo de ar. Cerrar a mandíbula faz o palato se enrijecer. Até as vias nasais podem constringir-se, afetando o fluxo de ar e a ressonância vocal. Em outras palavras, a voz pode ficar anasalada e monocórdia. Nessas circunstâncias, é impossível respirar profundamente.

Esses efeitos negativos do cerramento da mandíbula são apenas o começo. A tensão produzida por essa rigidez pode afetar a saúde da língua, das cordas vocais, dos nervos do crânio, dos músculos do ombro, da coluna, e assim por diante. Você já constatou a tensão no pescoço. É provável que surjam outros problemas se não forem tomadas providências.

Para agir com eficácia, sugiro uma estratégia que ataque vários ângulos simultaneamente. Faça a respiração abdominal básica. Provoque sensações no núcleo. Aprenda a canalizar a tensão para o núcleo. Essa capacidade é adquirida aos poucos. Por fim, você será capaz de deter essa nociva reação em cadeia da tensão muscular.

Da próxima vez que o seu pescoço ficar tenso, experimente este exercício específico para ter alívio em caso de emergência.

EXERCÍCIO ESPECÍFICO: QUESTÃO 14

A tensão na mandíbula e no pescoço

1. Sente-se confortavelmente numa cadeira.
2. Solte a mandíbula.
3. Coloque as mãos sob o queixo e a mandíbula, servindo-lhes de apoio. Junte os punhos sob o queixo.
4. Massageie suavemente as faces com as palmas das mãos e as pontas dos dedos, movendo o queixo com as mãos para a frente e para trás, para relaxar o queixo e a mandíbula. Use deliberadamente o calor das mãos para transmitir serenidade ao queixo e à mandíbula.
5. Desvie a atenção para a região inferior do estômago e para a região lombar. Infle o abdome ao inspirar e contraia sua região inferior ao expirar.
6. Para ajudar a relaxar a região lombar e colocá-la em sintonia com o movimento de inflar e contrair, movimente o corpo suavemente para a frente e para trás, para um lado e para o outro. Prossiga com esses movimentos delicados enquanto respira várias vezes da maneira indicada. Você perceberá que a região lombar está participando do movimento abdominal de inflar e contrair.
7. Ponha as mãos no colo.
8. Relaxe os ombros movendo-os para cima e para baixo.
9. Relaxe o pescoço girando várias vezes a cabeça no sentido horário e depois no anti-horário.
10. Monitore as pulsações que substituem a tensão na mandíbula e no pescoço. Desfrute essa sensação benéfica.

11. Continue a respirar profundamente, sempre expandindo e comprimindo a região inferior do abdome e a região lombar.

12. Imagine que toda a tensão está descendo, descendo, descendo... até chegar à cadeira. Você notará que a respiração ficou mais profunda e fácil. E se sentirá muito mais relaxado e confortável.

Quando dispuser de um tempo livre, leia a resposta da Questão 12, que também trata do seu problema. Ao praticar os exercícios de *A arte de respirar*, preste atenção especial ao Exercício 3B, da Lição 3.

15 *Sofro de alergias e, por essa razão, meu nariz está sempre congestionado. A Aplicação 12, na Terceira Parte deste livro, ajudou-me um bocado a descongestionar o nariz. Existem outras estratégias que eu possa adotar sem que os outros percebam?*

Entendo o que você quer dizer. Assoar o nariz várias vezes — durante um concerto ou o sermão da missa, por exemplo — realmente incomoda. Eis aqui um outro modo de produzir pulsações estimulantes na área nasal para descongestioná-la. Se o seu nariz estiver entupido no momento de fazer o exercício, talvez você tenha dificuldade para conservar a boca fechada. Contudo, tente unir os lábios, deixando apenas um espaço suficiente para respirar.

EXERCÍCIO ESPECÍFICO: QUESTÃO 15

O alívio da congestão nasal

1. Retraia a língua o máximo possível e encoste-a no palato mole.

2. Mova a ponta da língua ao longo do céu da boca até encostá-la nos dentes da frente da arcada superior.

3. Repita dez vezes ou mais as etapas 1 e 2. O céu da boca começará a aquecer-se, e você sentirá o início das pulsações no nariz.

4. Monitore mentalmente essas pulsações, contando-as e estimulando-as com respiração profunda, em que o ar vai até o núcleo e volta.

5. Conte até 100 (no mínimo, até 50) ou mais, se for preciso. O seu

nariz se descongestionará pouco a pouco, e você poderá respirar livremente.

É sempre bom contar com mais de uma estratégia para resolver problemas.

16 *Desde que entrei na casa dos cinqüenta anos, passei a acordar todas as manhãs com os dedos rígidos e doloridos. Descobri que meus amigos têm a mesma queixa. Nós rimos e atribuímos esse fenômeno à velhice. Mas eu me pergunto: é possível usar o* chi *para facilitar o processo de envelhecimento?*

É possível não só atenuar esse mal-estar específico como também eliminar outros problemas físicos decorrentes da idade.

Pense no *chi* como energia interior fornecida pela sua bateria interna. Cada bebê saudável nasce com a bateria inteiramente carregada. Nosso suprimento individual de *chi* é despendido ao longo da vida. A bateria interna é recarregada por meio de uma alimentação adequada, da saúde mental e de atividades físicas como meditação e exercícios e, acima de tudo, com a prática da respiração abdominal profunda que ensinamos neste livro. Quando comemos, bebemos, praticamos exercícios e *respiramos* corretamente, conseguimos recarregar a bateria com mais eficiência.

Na juventude, quando é mais abundante e vibrante, o *chi* circula pelo corpo naturalmente, sem exigir muito esforço da nossa parte. À medida que envelhecemos e a força e abundância do *chi* diminuem, o efeito natural é o fluxo se restringir, começando por não atingir as extremidades — dedos, mãos, pés, cabeça, braços, pernas etc.

Sem a menor dúvida, a tendência para usar mal, abusar e desperdiçar o *chi* durante a juventude conduz ao arrependimento, por contribuir para a deficiência de *chi* na maturidade. A indulgência excessiva em termos de alimentação, sexo e atividades insalubres pode dissipar rapidamente o *chi*. Se ao longo dos anos você não cuidou bem da qualidade e da quantidade do seu suprimento de *chi*, comece agora, empenhando-se em respirar corretamente para gerar e canalizar essa energia. As outras atividades serão mais benéficas quando apoiadas pela respiração profunda adequada.

O *chi* vai para onde a sua mente o conduzir. Em outras palavras, o *chi* segue a sua intenção. Dores e doenças são o sinal de alerta que a natureza aciona em nossa mente para que cuidemos das áreas negligenciadas do corpo. Quando nos conscientizamos desses sinais de alerta, podemos enviar a energia *chi* para curar a região afetada. Também é possível evitar doenças e indisposições se agirmos de maneira profilática — se aprendermos, por exemplo, a enviar rotineiramente o *chi* para o corpo inteiro, principalmente as extremidades, antes que o sinal de alerta seja disparado.

Os seus sintomas de enrijecimento e dores nos dedos podem não ser as suas únicas queixas. Talvez você também esteja sofrendo cãibras nos pés e nas pernas. A diminuição ou o bloqueio do *chi* podem resultar, além disso, em cansaço mental e dores de cabeça.

Quando acordar de manhã e perceber que os dedos estão doloridos e rígidos, fique na cama por mais alguns minutos e faça este exercício:

EXERCÍCIO ESPECÍFICO: QUESTÃO 16

O alívio do enrijecimento dos dedos

1. Deite-se de costas, mantendo as palmas das mãos confortavelmente pousadas ao lado do corpo.
2. Relaxe as mãos, deixando-as na posição arqueada natural.
3. Imagine uma esponja muito macia, no formato de um ovo grande, em cada mão curvada em concha.
4. Aperte as esponjas o máximo que puder, cerrando os punhos.
5. Mantenha os punhos cerrados por um segundo, então abra as mãos e relaxe-as na posição em concha, desapertando as esponjas.
6. Com o corpo relaxado, respire devagar, inflando o abdome na inspiração e comprimindo-o na expiração.
7. Repita três vezes as etapas 4 e 5 e depois relaxe. Deixe as mãos abertas, numa posição confortável.
8. Note que as mãos e os dedos estão pulsando. Se não perceber essa sensação de pulsação, repita a etapa 7 e prossiga.

9. Monitore as pulsações contando-as até 50, no mínimo. Se dispuser de tempo, conte até 100, que é um bom número para alcançar.

10. Flexione as mãos várias vezes, abrindo-as completamente e em seguida cerrando os punhos.

11. Relaxe as mãos e repare que estão quentes e repletas de *chi*.

12. Se desejar, ponha as mãos em qualquer parte do corpo — coxas, abdome, diafragma ou qualquer outra — para promover alívio e cura. Divirta-se!

O Exercício Específico para a questão 35 (sobre insônia) pode ser igualmente usado para canalizar o *chi* para todo o corpo, incluindo mãos e dedos. Consulte também a Aplicação 7, na Terceira Parte, que ajuda a promover alívio e até mesmo a cura.

17 *Freqüentemente sinto dores nas costas que deixam a minha respiração quase impossível. Há alguma coisa que eu possa fazer para resolver esse problema?*

Quando se trata de dores nas costas, é sempre aconselhável primeiro consultar um médico e fazer exames clínicos para certificar-se da inexistência de lesões físicas. Por outro lado, se não for diagnosticada nenhuma lesão e a prescrição for apenas de analgésicos, aprender a arte da respiração pode ser a providência certa a tomar.

O método de respiração abdominal ensinado neste livro tem ajudado muita gente a superar dores crônicas causadas por tensão muscular e deficiência no fluxo de *chi*. A respiração abdominal profunda requer não só que você aprenda a relaxar, expandir e comprimir o abdome, mas também que você envolva a sua circunferência inferior nesse processo. Em razão de maus hábitos de respiração, de postura inadequada, de tensão ou contração permanente do estômago, a região lombar se enrijece ou deforma, restringindo não apenas a circulação do sangue, mas também a do *chi*. *A Arte de Respirar* oferece um método de respiração que não se limita a fornecer oxigênio suficiente para manter o coração bombeando sangue pelas veias. O simples ato de respirar deve tanto suprir o oxigênio necessário para a sobrevivência quanto gerar *chi* e colocá-lo em circulação para garantir a qualidade de vida e o desempenho que todos almejamos.

Quando respiramos, os músculos da região lombar devem reagir de maneira harmônica para não se enrijecer, o que teria um efeito prejudicial sobre essa área do corpo. Os leitores e participantes dos seminários têm me relatado a obtenção de resultados surpreendentes com a prática da arte de respirar. Um leitor que durante anos sofreu fortes dores na região lombar (algumas vezes chamadas de espasmos sacrolombares) escreveu-me contando que, graças aos exercícios descritos neste livro, a região das costas que abrange a circunferência inferior adquiriu certa flexibilidade, reduzindo sua suscetibilidade a problemas nessa região.

Você descobrirá que fazer os primeiros exercícios da Lição 1 produzirá bons resultados. Aprenda a canalizar a energia *chi* para as áreas doloridas praticando a Aplicação 7, na Terceira Parte.

18 *Quem usa cadeira de rodas também pode praticar os exercícios de* A Arte de Respirar?

Os movimentos e posturas prescritos nos exercícios de *A Arte de Respirar* visam:

- Motivar e produzir a respiração profunda abdominal.
- Relaxar as tensões que impedem a respiração profunda.
- Treinar os reflexos e a coordenação dos músculos do abdome e do diafragma.

Não visamos deliberadamente ao desenvolvimento de outras faculdades físicas. Se alguém tiver dificuldade para se mover, poderá fazer sentado ou deitado os exercícios que normalmente seriam feitos em pé. Também é possível adaptar movimentos como os de alongar e curvar para adequá-los a deficiências físicas. Nós explicamos com clareza o propósito de quase todos os movimentos e posturas dos exercícios. O entendimento desse propósito lhe permitirá executá-los com eficácia.

Dê as boas-vindas à sensação de dor física e interprete-a como uma advertência benéfica, cujo objetivo é chamar a sua atenção para o local dolorido. Esse é o modo como a natureza nos alerta para a necessidade de *chi* numa área específica do corpo. Seja grato por essas sensações e expire na direção do local afetado, deixando o fluxo suave do *chi* aquecer, derreter e dissolver o mal-estar. Sinta a dor se desvanecer.

Desfrute a maravilhosa sensação de harmonizar mentalmente o seu corpo físico, visitando as regiões onde as dores se localizam. Permaneça nesses pontos até encontrar e aliviar a indisposição. Trate as áreas de mal-estar como se fossem bebês que choram para atrair a atenção. Se você canalizar o seu *chi* para essas regiões e entrar em contato com eles, o choro será substituído pela sensação de dever cumprido.

Esse contato pode assumir a forma de pulsações tranqüilizadoras, faixas de calor ou raios luminosos. Deixe que cada sensação seja como um pequenino botão de flor que desabrocha. Ou como pequenas bolhas de sabão flutuando no ar, subindo e se integrando na atmosfera.

Os exercícios de imaginação ativa deste livro podem ser executados facilmente em cadeira de rodas ou mesmo num leito de hospital. Na verdade, durante a convalescença, você tem o luxo de dispor de bastante tempo livre para dedicar-se aos exercícios de imaginação ativa — cuja prática é uma forma de meditação capaz de fortalecer e canalizar o *chi*, ajudando-o a entrar em contato com as suas fontes interiores de cura.

As palmas das mãos são sempre boas condutoras de *chi*.

EXERCÍCIO ESPECÍFICO: QUESTÃO 18

Exercícios para portadores de deficiências físicas

1. Deite-se de costas, com os ombros relaxados.

2. Junte as mãos e coloque-as entre as pernas, ou em frente a você. Esfregue as palmas até aquecê-las.

3. Ponha as palmas das mãos na região inferior do abdome.

4. Deixe as mãos acalmarem o seu abdome enquanto você respira profundamente com o núcleo.

5. Monitore o *chi* gradualmente gerado e canalize-o para acalmar e energizar, começando pelo abdome e movendo-se na direção da área do corpo que precisa de cura. O *chi* é essencial para ajudá-lo a sentir-se melhor e a se recuperar rapidamente.

6. Ponha as palmas das mãos em qualquer lugar para estimular o fluxo de *chi* para aquele ponto, com o objetivo de promover alívio e cura.

Os exercícios de *A Arte de Respirar*, além de poderem ser executados em qualquer posição, são necessários para melhorar o estado de saúde. Cada pessoa dispõe de condições específicas de respiração, não havendo dois indivíduos que obtenham exatamente os mesmos resultados de qualquer uma das estratégias. Contudo, é possível adaptar os exercícios de respiração para atender às necessidades individuais.

Mesmo os paralíticos, se tiverem a mente lúcida, podem beneficiar-se dos princípios e métodos da arte da respiração. É possível facilitar e estimular o aperfeiçoamento da respiração dos fisicamente capazes por meio de movimentos e posturas que induzem a respiração profunda. Já os portadores de deficiências físicas devem recorrer à motivação da imaginação ativa e a estímulos internos — que ativarão e coordenarão as funções do sistema respiratório por meio da energia interior.

19 *Eu sofro de enfisema e fui submetido a uma cirurgia devido ao câncer num pulmão. Existe alguma coisa em* A Arte de Respirar *que possa me ajudar?*

O enfisema provoca o colapso da parede dos alvéolos dos pulmões. Esse problema, associado à falta de um pedaço do pulmão, sem dúvida debilita o seu sistema respiratório. Contudo, é possível compensar deficiências respiratórias, ao menos em parte, por meio de técnicas especiais.

As técnicas de respiração são fáceis de aprender. Sejam ou não portadores de deficiências respiratórias, todos se beneficiam com o aprimoramento da respiração que resulta da utilização hábil de quaisquer células, músculos e reflexos disponíveis para esse processo. Saber administrar o seu sistema respiratório lhe dará a confiança de assumir o controle da própria respiração.

Consulte o seu médico. Depois de conseguir a aprovação dele, você pode iniciar os exercícios progressivos de *A Arte de Respirar*, que o ajudarão a desenvolver gradualmente, com a prática, a capacidade dos seus pulmões. Para tanto, é preciso aprender a usar o diafragma e os músculos da circunferência inferior com eficácia. A execução dos Exercícios 1A e 1B lhe permitirá entender rapidamente todo o processo.

Lembre-se de nunca forçar nada durante os exercícios. E adapte-os sempre que necessário para adequá-los à sua capacidade e condições físicas. O número de repetições e a contagem de cada exercício são indicados como uma diretriz de ordem geral. Na sua situação, você pode reduzir o número de repetições e a contagem à metade ou a um terço e trabalhar aos poucos até atingir sua capacidade máxima. Nunca force.

EXERCÍCIO ESPECÍFICO: QUESTÃO 19

O enfisema

1. Como aquecimento para o exercício, você pode massagear suavemente a região inferior do abdome. Ponha as palmas das mãos na região inferior do abdome, com os dedos voltados para baixo e os polegares para dentro, quase como se emoldurassem o umbigo.

2. Empurre delicadamente os dedos para dentro, fazendo o movimento de massagear no sentido ascendente. Repita várias vezes esse procedimento e depois relaxe.

3. Suspire como se sentisse esse impulso. Ótimo! Um suspiro profundo é um bom ponto de partida para a respiração profunda.

Agora, prossiga para os exercícios de *A Arte de Respirar*. Você sentirá uma grande melhora ao longo desse trabalho.

20 *Eu sofri de asma durante a maior parte da minha vida. Enquanto assistia a um dos seminários, minha respiração ficou fácil, e pela pri-*

meira vez senti que podia controlá-la — e que de fato a estava controlando. Quando voltei para casa, minha esposa ficou espantada, mas disse que provavelmente era fruto da minha imaginação. Eu sei que não era. Você pode explicar o que aconteceu? Por falar nisso, continuo melhorando com a prática dos exercícios do seu livro.

Obrigada por me dar essa boa notícia. É a maior recompensa que qualquer professor pode almejar — que seu trabalho realmente ajude a melhorar a qualidade de vida e o desempenho de alguém.

A asma pode desenvolver-se em qualquer faixa etária, atingindo tanto as crianças quanto os adultos. Dentre suas principais causas, citamos predisposição genética, alergias, poluição do ar, *stress*, hábitos não naturais de respiração, e há ainda, sem dúvida, várias outras causas ainda não descobertas.

Em 1995, cerca de 11 milhões de norte-americanos sofriam de asma, e no mundo inteiro esse número vem aumentando. Embora não seja uma doença fatal, a asma pode às vezes ameaçar a vida, principalmente quando combinada com outros problemas respiratórios, como bronquite crônica ou enfisema. Os sintomas da asma geralmente são tosse e respiração ofegante, peito congestionado e respiração curta. Tudo isso sinaliza vias aéreas congestionadas e obstrução do fluxo de ar.

Para muitos dos que sofrem de asma, a ansiedade e o temor de novas crises agravam ainda mais o quadro. Graças à ciência moderna, é possível recorrer durante as crises agudas a drogas poderosas que praticamente operam milagres. Mas que tal lançar mão de recursos internos para prevenir e até mesmo controlar as crises? Podemos aprender a reduzir o *stress* e a administrar o nosso sistema respiratório. Quando desenvolvemos essa capacidade, a sensação de impotência desaparece. Essa confiança o ajudará a relaxar e a evitar novas crises.

A Arte de Respirar o ensina a iniciar e controlar a respiração, em vez de simplesmente deixar que ela aconteça. Você aprende a deixar que o ar saia por completo em vez de ficar estagnado em seu corpo. E se livra da crença — e não fato — de que o ar inalado transita com dificuldade pelos brônquios até os alvéolos, de onde volta pelas mesmas passagens estreitas, na expiração. Para respirar bem, recomendo-lhe praticar o exercício de imaginação ativa "Barril".

EXERCÍCIO DE IMAGINAÇÃO ATIVA

Barril

Imagine que todo o seu torso — dos ombros até a base da coluna — é um barril vazio cuja abertura se localiza não na boca, mas no ponto de interseção entre a parte de trás do nariz e a garganta. Simule um bocejo com a boca fechada e você encontrará a abertura. Cuidado para não bloqueá-la retraindo a língua (veja as informações sobre a língua na Lição 2). Deixe que o ar inspirado — pelo nariz, pela boca ou por ambos — flua como água até o fundo do barril. Ao expirar, imagine que a água é drenada de lá do fundo do barril.

Ao contrário do que equivocadamente se pensa, em geral os ataques de asma prejudicam mais a expiração do que a inspiração. Você pode conseguir inspirar o ar, mas, no momento de expirar, as vias aéreas inflamadas e congestionadas podem entrar em colapso, tornando a expiração extremamente difícil. O exercício de imaginação ativa "Barril" o ajuda a desvencilhar-se da sensação de desespero ao inspirar por passagens obstruídas e a relaxar a tensão muscular, além de aliviar a ansiedade.

Consulte também os exercícios de imaginação ativa "Vapor e funil" e "Pia e ralo", ambos na Terceira Parte. Os exercícios de imaginação ativa são muito úteis porque dão suporte às técnicas de respiração propriamente ditas — as quais você desenvolverá com a prática dos exercícios da Segunda Parte. Aprenda a abaixar o diafragma expandindo a circunferência inferior (região inferior do abdome, região lombar e flancos), deixando o ar fluir sem esforço. Consulte o exercício de imaginação ativa "Sanfona", na Primeira Parte.

Se depender apenas dos movimentos dos ombros e da caixa torácica para inspirar, você vai sobrecarregar essas áreas — o que resultará em tensão não só nessas regiões, mas também nas passagens adjacentes de ar. E essa tensão perfeitamente evitável pode provocar espasmos nos músculos das passagens de ar e assim contribuir para os ataques de asma. Aprenda a deixar que o diafragma e o abdome assumam seu papel na respiração, como quer a natureza.

A respiração abdominal transfere da cavidade pulmonar para a abdominal o foco mental da respiração, deixando que a região pulmonar, incluindo os brônquios, fique mais relaxada e saudável.

Os asmáticos precisam tomar cuidado com exercícios físicos vigorosos, porém os moderados e regulares lhes são benéficos. Os exercícios deste livro são moderados, mas sutilmente eficazes. Entretanto, convém não exagerar, em especial nos dias em que as condições são propícias a crises de asma; isto é, quando o ar está quente ou frio demais ou quando há muito pólen no ar. Fique atento à sua capacidade física a cada dia e use-a como parâmetro para ajustar a duração dos exercícios.

Os pontos analisados em resposta à questão 19 (sobre enfisema) também são relevantes para a asma.

21 *Sou fumante. Se eu fumar depois de uma partida de tênis, meus pulmões ardem. Por quê? É mais perigoso fumar logo depois de jogar tênis?*

Você provavelmente começou a fumar há pouco tempo e não fuma com regularidade. Se assim fosse, o interior dos seus pulmões estaria tão completamente revestido que uma partida de tênis não provocaria sua suscetibilidade a ponto de você perceber a ardência. Sua sensibilidade seria muito menor.

Durante exercícios vigorosos como o tênis, você respira com mais profundidade e freqüência, de modo que os pulmões se alongam e recebem mais ar puro do que o habitual. A situação é a mesma de passar algo que provoque ardência numa pele besuntada de creme. É possível que não se sinta ardor algum. Mas, se não houver o creme, é mais provável que a pele se ressinta.

Eu nunca fumei. Costumo perguntar-me se parte da satisfação de uma tragada se deve ao ato de inspirar profundamente. O cigarro funciona como um apoio para inspirar de maneira mais profunda. Tire o cigarro, e o fumante fica sem nenhuma razão aparente para inspirar de forma deliberada. Parece que pequenas inspirações superficiais são suficientes para a sobrevivência. Que deprimente! O que provoca os sintomas insuportáveis da abstinência não é apenas a retirada da nicotina, mas também a ausência do ar inalado na respiração profunda.

A Arte de Respirar deve ser muito útil para aqueles que desejam sinceramente parar de fumar.

22 *O hábito materno de respirar superficialmente pode afetar o bebê ou os filhos pequenos?*

O papel de mãe pode ser tão exigente como o de qualquer carreira profissional — ou até mais, se você levar em consideração que se trata de uma exigência em tempo integral em termos tanto de energia física quanto de atenção emocional. A boa ou precária saúde mental e física da mãe se reflete em seus filhos pequenos. O mesmo se aplica ao pai que cuida das crianças em tempo integral.

Ao respirar profundamente, a mãe se reabastece de *chi* e o transmite para o filho em seus braços ou colo. A criança se sente contente e se desenvolve. A respiração superficial da mãe, ao contrário, por ser geralmente deficiente em termos de *chi*, inconscientemente a faz retirar o *chi* do bebê ou da criança. Qualquer um que careça de *chi* tende a extraí-lo de quem estiver por perto. Você alguma vez já se perguntou por que um bebê se mostra contente no colo de uma pessoa e chora no colo de outra, embora nenhuma das duas lhe seja estranha ou a despeito de ambas serem membros da família? O *chi* é uma das razões.

O choro constitui apenas um aspecto do efeito negativo da deficiência de *chi*. Quando a mãe respira superficialmente, em geral erguendo os ombros, o filho a imita inconscientemente e também passa a adotar a respiração superficial. Os hábitos de respiração se refletem na fala. Você já se perguntou por que todas as crianças de uma família têm a mesma voz anasalada ou com chiado?

Uma mãe dotada de um bom suprimento de *chi* pode curar algumas enfermidades do filho. Ela não pode substituir o médico, quando ele é necessário, mas pode aliviar, diminuir e até eliminar indisposições menores com mais eficácia que qualquer remédio — o que contribui substancialmente para o bem-estar físico e emocional da criança. Por exemplo, o *chi* que emana das palmas de suas mãos pode penetrar profundamente no ventre do bebê e aliviar cólicas. Se a mãe segurar o bebê no colo e lhe der tapinhas ao longo das costas, expondo-o ao seu *chi*, produzirá um grande efeito de cura. Estabilizar a respiração profunda cria uma atmosfera estabilizadora na casa. Toda essa eficácia depende da sua capacidade de respirar adequadamente.

Certa noite, visitei uma pessoa cuja filhinha estava gripada. O bebê, irritadiço, contorcia-se no colo da mãe. Eu pousei a mão nas costas da garotinha e, num instante, o choro se reduziu a um arrulho suave. Ela se virou, deu um sorriso largo e continuou a arrulhar enquanto eu mantive a mão pousada em suas costas. No dia seguinte eu soube que ela dormira bem naquela noite e que amanhecera sem gripe.

23 *Minha filha de oito anos é muito sensível ao meu temperamento explosivo. Se eu expressar raiva por alguém da casa durante a noite, não é incomum ela prender a respiração e às vezes até vomitar durante o sono. Como posso aliviar essa tensão antes de colocá-la para dormir?*

Prender a respiração pode ser a causa do vômito da sua filha durante o sono. Ela prende a respiração enrijecendo a caixa torácica e os músculos abdominais, que, por sua vez, contraem o abdome. Você pode imaginar a reação em cadeia provocada por esse movimento. É absolutamente desaconselhável colocá-la na cama nessas circunstâncias.

Essa situação parece ultrapassar o âmbito da respiração. Sua complexidade emocional sugere a necessidade de assistência psicológica. Contudo, se você quiser primeiro tentar remediar a situação sozinha, eis a minha sugestão.

Sempre que você tiver uma explosão de raiva, mas conseguir acalmar-se e pensar nas conseqüências para a sua filha, peça-lhe ajuda antes de ela se deitar. Diga-lhe que a sua raiva foi provocada pela respiração difícil e superficial e que você precisa da sua ajuda para fazer alguns exercícios respiratórios. Faça-a sentir-se necessária. Leve o seu livro e pratique os exercícios iniciais de *A Arte de Respirar*, de modo que as duas monitorem o processo e se ajudem mutuamente a inflar e esvaziar o abdome enquanto respiram profunda e completamente. Uma deve pôr as mãos no abdome da outra, bem como nas costas e nos flancos, e ambas devem trocar sugestões sobre o trabalho. Realize o procedimento com seriedade, mas de modo a torná-lo lúdico. Essa é uma excelente forma de vocês se soltarem e fazerem aquecimento juntas, bem como de se ajudarem a respirar profundamente. Não se surpreenda se o desenvolvimento da técnica de respiração profunda a ensinar até mesmo a controlar e dissipar a raiva que motiva as explosões.

Quer você decida resolver o problema sozinha ou com o auxílio de um psicoterapeuta, aprender a respirar de modo mais eficaz será muito importante para o processo terapêutico.

24 *Minha filha perdeu a audição aos dois anos de idade, em decorrência de meningite. Hoje ela está com oito anos e freqüenta uma escola especializada em crianças com problemas auditivos. Como posso me equipar para ajudá-la a falar?*

Instintivamente, aprendemos a falar imitando o que ouvimos, sem nos preocuparmos em entender o intricado processo da fala — isto é, o modo como a voz é produzida.

Para uma pessoa privada do sentido da audição, aprender a falar é um processo extremamente trabalhoso que requer inteligência, empenho e tenacidade admiráveis. Quando um som é emitido, o uso da audição para monitorar o resultado final da emissão daquele som deve ser substituído pela atenção a outros critérios — como sensações musculares, vibrações da ressonância e outros medidores.

Como se trata basicamente de um instrumento de sopro, a voz humana resulta do fluxo do ar pelas cordas vocais na expiração. Portanto, a respiração adequada intensifica e facilita o bom desenvolvimento da fala ou do canto. Quando se trata de alguém com deficiência auditiva, adquirir a capacidade de comandar a respiração com eficácia constitui o passo mais importante para o sucesso no aprendizado da fala.

Suponho que a escola, além do treinamento da fala, deva estar dando instruções para a sua filha respirar corretamente. Sem dúvida você pode ajudá-la se aprender a respirar de maneira apropriada. Em todos os momentos, em especial quando se senta no seu colo, ela observa e sente o modo como você respira. Se a sua respiração for superficial, consciente ou inconscientemente ela a imitará. Um mau hábito de respiração é a última coisa de que sua filha precisa para aprender a produzir os sons vocais sem distorções. Ao aprender a arte de respirar, você ficará mais sensível às necessidades dela. A sua capacidade de transmitir essa faculdade para a sua filha decerto será um fator determinante de seu sucesso.

25 *Sou higienista bucal. Disseram-me que as dores no pescoço e ombros fazem parte da profissão. Cinco anos atrás eu não acreditava nisso, mas agora conheço bem esse mal-estar. Gostaria de crer que posso aliviar ou mesmo eliminar essa assim chamada doença ocupacional. O que você sugere?*

Inclinar o tronco para cuidar da boca dos pacientes significa adotar uma postura pouco natural e difícil de manter durante a maior parte da jornada de trabalho. Para piorar, você ainda tem de erguer constantemente os braços e trabalhar com delicadeza e precisão nos dentes dos pacientes — o que não é fácil de suportar. As exigências dessa posição tão pouco natural — esticar e curvar o pescoço e mesmo a região superior das costas — fazem a sua coluna se desalinhar. Quando você levanta os braços e controla os movimentos dos dedos, a tensão resultante volta para os ombros. O *stress* se transmite dos ombros para o pescoço, passa para a parte superior da coluna e daí desce até os pés.

A sua postura sem dúvida afeta também a sua respiração. Nesse contexto, você não pode confiar a respiração ao instinto. É preciso aplicar a técnica de respiração abdominal profunda para fortalecer o núcleo e estabelecer um centro sólido dentro do seu corpo.

A posição em que você fica durante o trabalho conduz à respiração superficial. O erguer constante dos ombros levanta os músculos do diafragma e a região inferior dos pulmões, impedindo-o de respirar profundamente. Aconselho-o a desenvolver a capacidade de controlar a respiração com o uso da região inferior do abdome, da região lombar e dos flancos. Preste atenção especial aos exercícios da Lição 4.

Aprender a respiração abdominal profunda o ajudará a estabelecer no núcleo o ponto central da sua resistência física. Imagine as raízes de uma árvore. Numa árvore bem enraizada, as raízes profundas dão força e apoio ao tronco, galhos e até mesmo às folhas. E o *stress* dos galhos passa para o tronco e desce até as raízes.

O corpo humano precisa de uma base igualmente sólida, que lhe dê força e absorva todo o *stress*. Se dispuser de um núcleo robusto para cumprir essa função, você poderá equilibrar as partes do corpo, em vez de buscar inutilmente apoio e ainda ficar com o corpo estressado e dolorido. Respire com e para o núcleo. Recorra ao núcleo para obter força e entrar em equilíbrio.

O exercício de imaginação ativa "Respiração da árvore" o ajudará a relaxar a tensão muscular resultante da má postura que seu trabalho exige.

EXERCÍCIO DE IMAGINAÇÃO ATIVA

Respiração da árvore

Imagine que seu corpo é uma árvore solitária no meio da selva. Você é uma árvore grande, dotada de um tronco largo e robusto, de inúmeros galhos e folhas exuberantes, que se erguem para o céu e se esparramam pela atmosfera ao redor. Plante os pés ligeiramente separados com firmeza no chão — como se fosse *dentro* da terra. Flexione ligeiramente os joelhos.

Ponha as palmas das mãos na região inferior do abdome e monitore a respiração. Esvazie o abdome ao expirar e infle-o ao inspirar. Repita esse procedimento várias vezes. Então, deixe as mãos penderem livres ao lado do corpo. Continue a respirar inflando o abdome na inspiração e esvaziando-o na expiração.

Uma brisa agita as suas folhas e faz seus galhos ondularem suavemente. Sinta todas as articulações do corpo relaxando. Deixe todas as partes do corpo relaxarem e se moverem com a brisa. Deixe os ombros se moverem para cima e para baixo e girarem com liberdade. Deixe os braços, mãos e dedos flutuarem livremente como os galhos e folhas de um salgueiro.

Uma brisa mais forte se aproxima, e os galhos e folhas se movimentam com mais intensidade. O topo da árvore (a cabeça) se mexe facilmente em qualquer direção ou em todas elas — para trás, para a frente, para os lados e até rodopia —, guiado pelas suas sensações. Deixe o pescoço e os ombros reagirem aos movimentos, que chegam até a região inferior da coluna e descem pouco a pouco até o cóccix. Agora imagine que o tronco da árvore é flexível como o da bétula, que se curva sob o vento. Imagine uma cauda se estendendo a partir do cóccix. Mova o cóccix e agite a cauda em qualquer direção que sua mente sugerir. Deixe as articulações dos quadris, joelhos e tornozelos relaxarem e facilitarem as ondulações.

Assegure-se de estar respirando com o auxílio do abdome. Infle-o ao inspirar e esvazie-o ao expirar. Você pode até imaginar que a árvore inteira está inspirando e expirando por inúmeros poros. Isso é muito importante. Não respirar desse modo o privaria do apoio do núcleo — em outras palavras, da geração e circulação contínuas da energia *chi* pelo corpo — e o impossibilitaria de extrair todos os benefícios desse exercício de imaginação ativa.

No começo, faça esse exercício por mais ou menos um minuto para ver como seu corpo se ajusta a esse método. Você pode aumentar a duração de acordo com as suas necessidades e resistência física.

26 *Sou professor. Devo falar em voz alta em inúmeras aulas, e minha voz fica estridente com muita freqüência. Existe algum exercício de respiração que me ajude a resolver esse problema?*

Essa é uma pergunta que já me fizeram várias vezes. Na verdade, qualquer pessoa que não disponha de suficiente *apoio da respiração* acaba enfrentando essa dificuldade. A voz alterada é um obstáculo principalmente para professores e advogados, cuja profissão exige que se dirijam oralmente a grupos grandes. E acontece muitas vezes a pessoas que fazem discursos por diletantismo em reuniões sociais.

Os nossos pulmões absorvem a nossa respiração, e o diafragma é uma faixa de músculo que serve de apoio para os pulmões. Quando uma pessoa sabe usar o diafragma para controlar o fluxo de ar para dentro e para fora dos pulmões — com a força e velocidade que desejar —, diz-se que ela tem apoio da respiração. Esse grau de controle pode ser aprendido.

A respiração abdominal profunda não só injeta oxigênio nos pulmões mas também estimula o núcleo a gerar a bioenergia interior conhecida como *chi* — que não só nos torna mais saudáveis como também mais capazes e eficientes no uso de todos os sentidos, incluindo a emissão da voz.

Pense na laringe como um instrumento de sopro. É preciso controlar o ar que passa pelas cordas vocais e as faz vibrar e produzir sons específicos — agudo ou grave, alto ou baixo. A nossa mente, em colaboração com a audição, sabe exatamente que sons desejamos emitir. Se o diafragma não é capaz de controlar o fluxo de ar, a garganta e os músculos da língua se contraem para suprir essa deficiência, levando as cordas vocais a se enrijecer também.

Desse modo, mesmo que produzam os sons desejados, as cordas vocais são forçadas a vibrar quando estão tensas — o que as machuca a ponto de interferir na qualidade da voz. Em casos extremos surgem nós nas cordas vocais, que exigem intervenção cirúrgica. O pigarro constante para limpar a garganta é outro alerta vermelho — um sinal que avisa que você talvez esteja abusando das cordas vocais.

Em resumo, respiração é voz; respiração é vida. Para adquirir apoio para a respiração, você precisa usar o diafragma. Para usar o diafragma com eficiência, você deve cultivar a respiração abdominal profunda com a prática de exercícios — ao menos os da Lição 1. Depois disso, você provavelmente se sentirá incentivado para aprimorar a sua capacidade respiratória. Por favor, volte à questão 12 para obter mais informações úteis.

27 *Disseram-me que eu sou muito rígido e sem expressividade quando faço apresentações nas reuniões de trabalho. Tentei incluir alguns movimentos corporais e gestos na minha fala, mas meu corpo simplesmente não responde. Tenho a sensação de que, se mover um músculo, vou desmoronar. Será que esse problema está ligado à respiração?*

Sim, a sua rigidez está provavelmente ligada ao seu modo de respirar. Acho que o culpado pelo seu problema é a respiração superficial.

As pessoas que respiram superficialmente tendem a compensar usando os ombros como alavanca para bombear o ar necessário. Esse hábito contrai a musculatura dos ombros e do pescoço e a coluna — o que enrijece e dificulta os movimentos.

A respiração superficial também prejudica o equilíbrio do corpo e a coordenação motora. Para expressar os sentimentos por meio de gestos ou da fala, é preciso estar em contato com o núcleo e sua energia. As pessoas que respiram superficialmente em geral interrompem o contato com sua fonte de energia dinâmica.

A respiração abdominal profunda não se limita a aliviar a tensão do corpo, ela vai mais longe. O movimento constante de expandir e contrair o abdome gera energia *chi*. Com a estimulação do núcleo em cada respiração e a conscientização de sua existência, você alimenta continuamente um centro no interior do seu ser. Esse centro pode ser o estabilizador da sua coordenação física e mental.

Da próxima vez que você fizer uma apresentação, imagine que a sua inspiração vai até a boca do estômago e a expiração se estende até as pontas dos dedos das mãos e dos pés. Creio que você constatará não só que consegue ficar em pé com mais firmeza como também que as mãos e o corpo estão mais livres para ajudá-lo a expressar seus pensamentos.

Sugiro que você, além de executar os exercícios de respiração das lições iniciais, pratique a Aplicação 3 e a Aplicação 9, que estão na Terceira Parte do livro, pois elas o ajudarão a aprimorar tanto a fala quanto a linguagem corporal.

28 *Por vários anos trabalhei como vendedora numa loja de cosméticos, ficando atrás de um balcão durante quase o dia inteiro. Pouco a pouco, passei a ter uma sensação de aperto na caixa torácica. Não importa o que eu faça, o mal-estar na caixa torácica persiste — na verdade, está piorando. Não consigo nem respirar direito e fico sem fôlego a maior parte do tempo. O que posso fazer?*

Ao longo da história da civilização, a subordinação de homens e mulheres aos ditames da moda é por vezes desagradável e até nociva para a saúde, quando levada a extremos. Lembra-se de quando se usava espartilho e se enfaixavam os pés? Presumo que você seja obrigada a usar roupas justas e a ficar atrás de um balcão de moda — praticamente em exibição —, o que pode transformar seu corpo flexível numa estátua rígida.

Eu compreendo inteiramente a sua situação, porque já trabalhei na área de vendas e, portanto, tive uma experiência semelhante. Décadas atrás, quando estava na faculdade, arranjei um emprego temporário numa loja de departamentos, durante o período de Natal. Eu ficava atrás do balcão das jóias, toda empertigada. Naquela época, estar bem vestida significava usar saltos altos e finos e vestidos que acompanhassem as curvas do corpo — sendo especialmente justos na cintura.

A minha inexperiência e o meu nervosismo tornavam o trabalho ainda mais exaustivo. Naquela época eu não tinha condições de entender por que o emprego afetava o meu canto. Eu sabia que aquela postura dificultava a respiração e me esforçava para combater aquela sensação de compressão na caixa torácica.

A moda nos impôs a idéia de que o abdome e as nádegas devem desaparecer a todo o custo, mas que os seios devem ser volumosos. A parte inferior do tronco, que contém órgãos vitais, acabou ficando permanentemente retesada e rígida. Nós perdemos a capacidade natural de respirar com o abdome e desenvolvemos todo tipo de problemas, incluindo dor nas costas, rigidez na caixa torácica e respiração superficial.

Para ajudá-la a aliviar esse mal-estar, eis aqui um exercício simples. Você pode fazê-lo em pé, sentada ou deitada.

EXERCÍCIO ESPECÍFICO: QUESTÃO 28

A tensão do corpo

1. Ponha a palma da mão esquerda na região esquerda da caixa torácica e a palma da mão direita na região direita da caixa torácica.

2. Massageie os dois lados com firmeza e profundidade, fazendo movimentos circulares — no sentido horário no lado direito e no anti-horário no lado esquerdo. Ao executar esses movimentos, deixe os ombros girarem para evitar acúmulo de tensão nessa área. Os movimentos de esticar e massagear relaxam os músculos de toda essa região. Repita esse procedimento de dez a quinze vezes, soltando os músculos tensos e relaxando a caixa torácica.

3. Inverta a manobra, esfregando o lado direito no sentido anti-horário e o lado esquerdo no horário. Repita esse procedimento de dez a quinze vezes, deixando os ombros girarem ao fazer esses movimentos.

4. Deixe as palmas das mãos onde estiverem e concentre a atenção na região inferior do abdome. Mentalmente, monitore a expansão do abdome na inspiração e seu esvaziamento na expiração. Você começará a sentir a cálida energia *chi* emanando das mãos e penetrando na caixa torácica, promovendo alívio e eliminando qualquer mal-estar.

5. Conserve e estimule essa sensação maravilhosa enquanto abaixa as mãos num gesto completamente relaxado e as deixa pender ao la-

do do corpo. Pouco a pouco, estenda essa sensação cálida, talvez até de pulsação, para a região inferior do abdome, ombros e pescoço.

6. À medida que o seu torso se aquecer, gire o pescoço e ombros ao mesmo tempo, movendo o tronco suavemente de um lado para o outro, para soltar a coluna.

As Lições 1 e 4 são especialmente úteis para descontrair os músculos da caixa torácica. Sugiro que você também preste atenção especial ao Exercício 2D e ao Exercício 4B, na Segunda Parte. Recomendo-lhe executar as lições deste livro progressivamente, pela ordem, para alcançar resultados melhores e mais duradouros.

29 *Sou formada em massoterapia. Minha melhor amiga é enfermeira e também usa a massagem. Nosso trabalho exige um grande dispêndio de energia. Será que o aprimoramento da respiração pode aumentar a nossa resistência?*

Os terapeutas corporais, como você e sua amiga, cedem grande parte de sua energia *chi* aos pacientes, que não raro apresentam bloqueios ou desequilíbrio no fluxo energético e deficiência de *chi*.

Em virtude de ansiedade, *stress*, tensão e lesões, entre outros agentes, "coisas" diminutas e invisíveis tomam forma em nosso corpo. Por falta de uma palavra melhor, chamarei essas "coisas" de *nós*.

Ao nascerem, os bebês saudáveis são como uma lousa em branco. Contudo, se, por exemplo, durante a gravidez a mãe tomar drogas, sofrer um acidente, um trauma ou qualquer tipo de infortúnio, nós invisíveis podem imprimir-se na "lousa". E no futuro, em algum momento, os nós virão à tona sob a forma de doenças físicas ou mentais que exigem tratamento.

Ao longo da vida todos enfrentamos *stress*, traumas e ferimentos. Essas experiências criam nós invisíveis.

Na idade adulta, é comum julgarmos que já enfrentamos e superamos todos os tipos de crise emocional ou física. Mas os nós podem persistir e no futuro se manifestar sob as várias formas de doença física e mental. Os nós bloqueiam o fluxo da energia *chi* e podem provocar dores, indisposições e doenças.

A energia *chi*, aquela força vital em que se baseiam muitas das antigas artes asiáticas de cura, é a força vital que atua sobre a corrente sangüínea, células e vibração. Através da constante revitalização da nossa energia *chi* com a respiração profunda adequada, o *chi* vital pode ser empregado para superar e eliminar os bloqueios causados pelos nós.

Como terapeuta corporal, é imprescindível que você, no momento de deliberadamente manipular, modular ou mesmo ativar a energia de um indivíduo, tenha a certeza de que é capaz de recarregar o seu próprio *chi*. Quando o seu nível energético está baixo, a corrente negativa do paciente pode neutralizar as suas defesas — o que às vezes pode levar você a ter os mesmos problemas físicos do paciente. Os praticantes de *chi kung* são especialmente cuidadosos ao se proteger, com o intuito de ajudar efetivamente os outros.

A respiração profunda abdominal estimula o núcleo e gera energia *chi*. A capacidade de respirar profundamente lhe permite meditar com eficácia e administrar bem o *chi*. Durante o trabalho, quer você entre ou não em contato físico com o paciente — ao massageá-lo ou empregar o toque terapêutico —, esteja certa de que a sua intenção consciente de curar flui *à medida que você expira profundamente*. Mantenha a consciência magnetizadora no núcleo — não presa, mas livre e luminosa. Não é aconselhável tentar curar um paciente se você está exausto.

Certa vez, na cidade de Nova York, acompanhei uma amiga a uma consulta com um famoso mestre de *chi kung* que trabalha com massagem e acupuntura. Seu método é canalizar a energia *chi* com as agulhas de acupuntura para maximizar a cura. O mestre estivera ausente por vários meses, e minha amiga lhe perguntou o motivo. Ele então nos revelou sua desafortunada experiência. Um novo paciente o procurara por causa de uma dor na perna que havia anos o afligia sem nenhuma causa física aparente. A consulta desse senhor foi a última de um dia estafante, de modo que o mestre já estava fatigado. Seu *chi* encontrava-se num nível baixo, mas mesmo assim ele não se protegeu durante a sessão. No dia seguinte, acordou com uma dor na perna idêntica à daquele paciente. Demorou meses para livrar-se daquela corrente negativa.

Sim, a respiração eficaz é um dos pré-requisitos mais importantes para a participação consciente no processo de cura de outra pessoa.

30 *Minha rotina de trabalho é extremamente intensa, e todos os dias eu tenho prazos para cumprir. Recentemente percebi, para meu alarme, que havia parado de respirar por um momento. Fiquei realmente surpresa — e assustada. O que está acontecendo comigo? Por que a minha respiração pára? O que posso fazer a esse respeito?*

Perceber que a respiração parou, mesmo que por poucos instantes, pode ser muito assustador. É um choque porque em geral as pessoas vêem a respiração como um mecanismo automático. Estamos habituados a simplesmente respirar. Mas quando sobrecarregamos a mente com um volume excessivo de trabalho, os reflexos perdem a sensibilidade, e a respiração fica tão superficial que mal podemos senti-la.

A interrupção momentânea da respiração também pode ocorrer durante uma gripe, porque os pulmões estão congestionados. Você já está deprimido, prostrado na cama, quando de repente os pulmões parecem entrar em greve. É aí que você se dá conta de que não pode depender do automatismo da respiração.

Se a sua respiração voltar a falhar, revitalize-a proferindo algumas palavras em voz alta. Você pode fazer um breve comentário com alguém ou falar consigo mesmo. Se estiver sozinho, pode apenas dizer: "Não, não, não, não, não..." até expelir todo o ar residual dos pulmões. Dessa forma, a natureza entrará em ação e cuidará para que a próxima inspiração seja longa e profunda. Em seguida à emissão vocal, respire profundamente várias vezes. O seu rosto provavelmente enrubescerá, e o corpo talvez formigue. A respiração se normalizará.

Se você conhece a música "*Oh, what a beautiful morning*", cante-a — sua mensagem é bastante positiva. "*Don't worry, be happy*" é outra boa opção. Ou cante qualquer canção que lhe venha à cabeça. Embora baste um verso ou refrão, é possível que você queira continuar a cantar. Cantar é terapêutico. É um modo de usar a respiração intencional para despertar tanto o corpo quanto a mente. Aprenda a manter a respiração profunda com a prática dos exercícios da Segunda Parte deste livro.

Sim, de modo geral a respiração "simplesmente acontece", mas não lhe parece sensato entender o processo e saber o que fazer se a sua respiração falhar? Aprenda a arte de respirar, e cada respiração adquirirá um novo significado — para sempre. Graças a essa nova capacidade de respiração, você saberá que detém o comando da função mais importante do seu corpo. Em contato com o processo de respiração, você provavelmente vai parar de ter falhas involuntárias na respiração. E, caso aconteça de novo, a sua compreensão mais aprofundada lhe permitirá tomar providências.

31 *Trabalhei demais a vida inteira e nunca tive tempo para atividades físicas. Recentemente, ao me aposentar, resolvi cuidar melhor da saúde e praticar exercícios. O problema é que não consigo fazer exercício nenhum, porque sempre perco o fôlego logo no início, o que me dá a sensação de que meus pulmões já estão completamente cheios e não há como injetar mais ar. Será que aprender a arte de respirar poderia ajudar-me?*

Sim, aprender a arte de respirar pode ajudá-lo a obter um suprimento maior de oxigênio e a aumentar a sua capacidade de controlar a respiração. O que você está sentindo é resultado dos anos de maus hábitos respiratórios. Adquirir níveis de respiração mais elevados não será difícil se você se empenhar e seguir um processo gradual.

Em termos mais específicos, o seu problema é, em parte, conseqüência da respiração superficial. Neste momento, é provável que você esteja usando apenas a região superior dos pulmões. Essa deficiência respiratória ocorre em razão do mau uso do diafragma — ou seja, por erguer o diafragma na inspiração em vez de abaixá-lo para permitir um maior fluxo de ar para os pulmões.

Este exercício simples é um bom ponto de partida para a prática da respiração profunda. Também é útil para fazer o aquecimento antes da execução de qualquer exercício físico.

EXERCÍCIO ESPECÍFICO: QUESTÃO 31

A falta de fôlego

1. Fique em pé, com os braços soltos ao lado do corpo.

2. Expire. Ao mesmo tempo, mantendo os braços esticados, levante-os até a altura dos ombros.

3. Inspire. Ao mesmo tempo, abaixe os braços para voltar à posição original. (Os movimentos simples das etapas de 1 a 3 o ajudarão a evitar a indesejável tendência de erguer os ombros na inspiração. Depois de praticar essas etapas por alguns minutos, concentre-se em contrair o abdome na expiração e inflá-lo na inspiração. Depois, passe para a etapa 4 e complete o exercício.)

4. Novamente, expire e levante os braços até a altura dos ombros.

5. Inspire e, ao mesmo tempo, levante as mãos bem alto, na direção do céu. Inale profundamente, até a boca do estômago.

6. Expire. Ao mesmo tempo, contraia o abdome e abaixe lateralmente os braços para voltar à posição original. Em seguida, inspire profundamente.

7. Repita várias vezes as etapas de 4 a 6 para estimular a respiração profunda.

A prática dos exercícios deste livro o levará a mudar esses e quaisquer outros hábitos nocivos de respiração que você possa ter adquirido ao longo da vida. E o ajudará a aplicar com facilidade a técnica de respiração adequada para as suas atividades diárias. A arte de respirar nos dá suporte e aprimora o nosso desempenho em qualquer modalidade de exercício — ginástica aeróbica, ciclismo, tênis, golfe, natação e muitas outras.

32 *Adoro esportes. Eu corro, jogo tênis e há pouco tempo comecei a jogar golfe. Também nado e esquio quando tenho oportunidade. Contudo, numa ocasião recente eu perdi o fôlego. Fiz um* checkup, *e o médico não detectou nenhum problema de saúde. Um amigo me disse que uma respiração melhor aprimoraria tanto o meu desempenho físico quanto o meu nível de energia. O que devo fazer para respirar melhor?*

A falta de ar é um sintoma de respiração superficial. Você está usando apenas a região superior dos pulmões — e a sobrecarrega com o *stress* físico do exercício. A região inferior, pouco desenvolvida, não tem capacidade para desempenhar sua função — numa situação que exige a plena capacidade dos pulmões.

Desenvolva a capacidade de controlar os músculos abdominais e do diafragma para aprender a respiração abdominal profunda. Quando expandimos o abdome na inspiração e o contraímos na expiração, fazemos o diafragma descer e facilitamos a entrada de ar na região inferior dos pulmões.

A respiração profunda nos deixa muito mais aptos para a realização de tarefas de intensidades variadas, desde as mais fatigantes às mais leves. O seu instinto iniciará "grandes" respirações profundas para sustentar as atividades mais exigentes e "pequenas" respirações profundas para os momentos de paz e relaxamento.

Quando inspiramos e expiramos profundamente, acontecem duas coisas ao mesmo tempo: os pulmões recebem um amplo suprimento de oxigênio e expelem dióxido de carbono; o abdome se expande e contrai, gerando a energia que os chineses chamam de *chi*. Ou seja, cada vez que o abdome se expande e contrai na inspiração e na expiração, o núcleo no centro do abdome é estimulado e produz energia *chi*.

A circulação interna de *chi* melhora a saúde e promove a cura de enfermidades. Quando flui para o exterior, essa energia dirigida pela mente funciona como uma combinação de volante, acelerador e freio. O *chi* aperfeiçoa a coordenação, um dos requisitos principais para a prática esportiva. Não é possível ter um excelente desempenho contando apenas com o ar inalado. Para alcançar esse nível de desempenho, o *chi* é indispensável.

A respiração abdominal profunda estimula o núcleo e fortalece o importante centro interno que o abriga. Além disso, desenvolve e estabiliza o ponto vital dentro do nosso corpo onde as nossas atividades físicas e mentais são estabilizadas e harmonizadas. Todos os movimentos físicos bem executados se iniciam nesse centro e são impulsionados pela energia *chi* para alcançar os melhores resultados.

Para adquirirmos uma técnica sólida de respiração profunda, precisamos de disciplina e prática — principalmente no começo. A execução dos exercícios progressivos das lições apresentadas neste livro pode tornar o processo de aprendizado mais eficaz e prazeroso. A prática conduz a uma capacidade respiratória que supre as necessidades de oxigênio e gera a energia *chi* necessária para mantê-lo em equilíbrio e na sua melhor forma. Desse modo, você poderá realizar com sucesso qualquer atividade mental ou física.

33 *É possível aliviar tensões emocionais com a respiração adequada? Estou perguntando porque, sempre que fico preso no trânsito, sou tomado por grande agitação e, em conseqüência disso, começo a sentir um nó ou opressão no peito. Antigamente, isso só ocorria quando eu estava atrasado para algum compromisso, mas agora parece acontecer sempre que o trânsito fica congestionado. Digo a mim mesmo que esse tipo de reação acabará por me causar um enfarte. Será que, se eu melhorar a respiração, conseguirei me livrar dessa sensação desagradável?*

Quando estamos estressados e sob tensão, a tendência é contrair o diafragma, produzindo essa sensação de opressão. Quando o diafragma encurta e se enrijece, a respiração fica extremamente superficial. Durante um congestionamento de trânsito, nós nos vemos confinados dentro do carro, sem possibilidade de escapar. Crispamos as mãos em torno do volante — e a pressão do passar inexorável do tempo só agrava essa ansiedade. "Não chegarei a tempo ao compromisso", você resmunga. E então, o que fazemos nós? Enrijecemos os músculos. O corpo inteiro se transforma num imenso nó — cujo centro é o peito.

Sem dúvida, é preciso uma boa respiração para desfazer o nó e dissolver a tensão. Você não pode levantar-se e andar, nem se curvar ou se esticar dentro de um carro, no meio de um congestionamento. Assim sendo, sugiro que você experimente o exercício de imaginação ativa "Bola de sorvete". Mas lembre-se de permanecer atento à direção.

EXERCÍCIO DE IMAGINAÇÃO ATIVA

Bola de sorvete (para aliviar a tensão)

Com a coluna reta, incline-se ligeiramente para a frente, deixando um pequeno espaço entre as costas e o encosto da poltrona.

Sacuda o corpo de um lado para o outro, dos ombros até a base do tronco. Solte o torso, principalmente o abdome, e deixe-o tremer como gelatina. Execute esse movimento por alguns segundos, soltando as articulações e os músculos.

Expanda e contraia o estômago várias vezes para exercitar os músculos dessa região.

Afrouxe a pressão das mãos no volante, cuidando para não perder o controle da direção.

Expanda o estômago na inspiração e contraia-o na expiração. Seu estômago deve reagir como um balão, que se infla com a entrada de ar e se esvazia com a sua saída. Repita várias vezes esse procedimento.

Relaxe e concentre-se na opressão desagradável no peito. Imagine que essa opressão é uma bola do seu sorvete predileto.

Ao contrair o estômago para expirar e expandir o estômago para inspirar, deixe o ar quente circundar e derreter a bola de sorvete.

Deixe o sorvete derretido escorrer até a boca do estômago. Sacuda o corpo e solte a coluna suavemente para facilitar esse fluxo.

Depois de praticar esse exercício por alguns minutos, você se sentirá mais relaxado. O nó vai se desfazer e talvez você tenha vontade de sorrir — e até de cantarolar sua música predileta. É bem possível que, depois de usar a sua nova e simples capacidade de respirar profundamente, você descubra que está cantando melhor do que nunca.

34 *Muitas vezes senti a necessidade de fazer uma limpeza completa em meus pulmões, principalmente depois de ficar parado no trânsito, respirando a fumaça escura dos carros.*

Varrer periodicamente cada canto dos pulmões é de fato uma excelente idéia. Não limite essa "faxina" aos momentos em que respirou ar poluído; sempre que se sentir fatigado ou com o nariz congestionado, aproveite para renovar o seu tanque de ar. Antes de fazer o exercício a seguir, consulte a Aplicação 14, na Terceira Parte, para familiarizar-se com as figuras e as vogais abertas que ali estão ilustradas.

A emissão de cada combinação de vogais e consoantes afeta de modo particular as diferentes partes do corpo, principalmente os pulmões. Para ser produzido, cada som requer um tipo específico de trabalho conjunto das células e dos nervos. Seria necessário um outro livro para discorrer sobre esse tema com profusão de detalhes. Por ora, permita-me sugerir um exercício para a obtenção de alguns resultados.

É extremamente importante que você não se esforce demais ao fazê-lo. Pare em qualquer etapa, descanse e depois prossiga.

EXERCÍCIO ESPECÍFICO: QUESTÃO 34

A limpeza dos pulmões

1. Sente-se ou deite-se de costas, com os braços repousando confortavelmente ao lado do corpo.

2. Diga *pá-té-pá-té...* com um breve intervalo entre os sons para respirar. Emita cada som de forma explosiva, contraindo a região inferior do abdome. Inspire entre os sons expandindo o abdome. Siga este padrão: *pah* (inspire) — *té* (inspire) — *pá* (inspire) — *té* (inspire). Expanda o abdome em cada inspiração. Esse processo é muito simples. Nós nos referiremos a essas duas sílabas em *staccato* como "seqüência básica". No exemplo acima, a seqüência básica é repetida uma vez. Repita várias vezes a seqüência básica para praticá-la.

3. Inspire e emita a seqüência básica seguida de *tá - tá - tá - tá - tá - tá - tá - tá - tá - tá.* Contraia e expanda o músculo do estômago em cada *tah,* sem inspirar. Emita de onze a quinze sons *tá,* até acabar o ar. Nós nos referiremos a essa série de sons como a "vogal chicote *a*". Quando você produzir a seqüência básica (*pá - tê*) seguida de uma vogal chicote *a* (*tá - tá - tá...*), observe na Figura 87 a localização do respiradouro. Consulte o guia de pronúncia que acompanha a Figura 87. Descanse por alguns segundos e respire livremente. No momento de reiniciar, volte a consultar o guia de pronúncia. Acrescente a consoante *t* (de modo explosivo) a todas as vogais, para produzir o som de chicotada.

4. Inspire e emita a seqüência básica seguida pela vogal chicote *e* (*té - té - té...*), observando na Figura 88 a localização do respiradouro. Nesta etapa, você perceberá a repetição do *té* entre a seqüência básica e o chicote. Isso está correto.

5. Inspire e emita a seqüência básica seguida pela vogal chicote *i* (*ti - ti - ti...*), consultando a Figura 89.

6. Inspire e emita a seqüência básica seguida pela vogal chicote *o* (*tó - tó - tó...*), consultando a Figura 90.

7. Inspire e emita a seqüência básica seguida pela vogal chicote *u,* consultando a Figura 91.

8. Inspire e emita a seqüência básica seguida pela vogal chicote *â*, consultando a Figura 92.

9. Inspire e emita a seqüência básica seguida pela vogal chicote *ü*, consultando a Figura 93.

10. Respire livremente e relaxe! Coloque as mãos no abdome para monitorar as pulsações de energia. Depois de mais ou menos um minuto de monitoração, sinta-se livre para mover as mãos para outras áreas do corpo. Deixe o instinto guiá-lo para os pontos em que as suas mãos podem proporcionar maior bem-estar e alívio.

O ideal é dispor de tempo para descansar e dormir um pouco depois do exercício, que também é eficaz para ajudá-lo a conciliar o sono ou voltar a dormir quando estiver com insônia. Experimente.

35 *Dormir à noite tem sido meu maior problema há anos. Já tentei várias estratégias, incluindo a de contar carneiros, mas parece que nenhuma funciona comigo. Às vezes, quando tenho um compromisso importante de manhã, recorro a calmantes e pílulas para dormir. Disseram-me que talvez eu consiga resolver o problema se aprender a respirar melhor. Isso é possível?*

A tensão, seja mental ou física, é uma das causas principais da insônia. Outra é a mente ativa demais que se recusa a ser desligada. Uma causa mais estressante é a dor ou a indisposição física.

A arte de respirar nos dá a capacidade de gerenciar um amplo suprimento de oxigênio, gerar energia *chi* e alimentar um núcleo mental e físico. Cada um desses benefícios serve para combater a insônia.

Definitivamente, respirar de maneira incorreta prejudica o sono. O próprio ato de respirar pode causar tensão se não o compreendermos nem tivermos facilidade para inalar bastante ar e eliminá-lo totalmente dos pulmões. O movimento de erguer os ombros na inspiração quando se está deitado provoca inquietação. Se não soubermos arranjar espaço para o ar inspirado, reduziremos seu fluxo. Forçar a expansão dos pulmões sem auxílio do diafragma e dos músculos abdominais é impossível.

Quando estamos em repouso, não precisamos de inspirações profundas grandes — as inspirações profundas suaves são muito mais apropriadas e tranqüilizadoras. Com as palmas das mãos na região inferior do abdome, infle suavemente o abdome durante a inspiração e contraia-o na expiração. Ao proceder assim, a respiração se encaixa corretamente no lugar e se torna natural, eficaz e relaxante. Se você quiser dormir como um bebê, aprenda a respirar como um bebê — com o abdome.

Quando respiramos com o abdome, expandindo-o e comprimindo-o, massageamos delicadamente essa região e os órgãos vitais que ela abriga, aliviando a tensão acumulada.

Esse movimento de expandir e comprimir também estimula o *dan tien*, ou ponto de localização do núcleo, e a energia *chi* é gerada. O *chi* é a energia vital interior (bioeletricidade) na qual as práticas da medicina e as artes marciais chinesas se baseiam. Essas disciplinas antigas compreendem diversas categorias. O sereno *chi kung*, freqüentemente chamado de meditação *chi kung*, é a disciplina que usa a mente para fazer a energia circular dentro do corpo. Como a mente estimula o *chi*, os pensamentos indesejáveis desaparecem, e você adormece.

Pratique a aplicação 10, que está na Terceira Parte. Às vezes, basta você pousar as mãos sobre a região inferior do abdome para sentir o fluxo cálido do *chi*, que o relaxará e induzirá ao sono.

Da próxima vez que tiver insônia, experimente também o exercício de imaginação ativa "Percurso das três cordas".

EXERCÍCIO DE IMAGINAÇÃO ATIVA

Percurso das três cordas

Antes de começar, verifique se você já aprendeu a respirar com o abdome, ou o exercício não surtirá efeito. Durante o curso do exercício, pode acontecer de você sentir que a sua respiração ficou muito lenta — ou até que parou. Não se preocupe — esse é o modo de a natureza acalmar a sua respiração para que você possa usar a imaginação ativa com mais clareza. Talvez você até adormeça antes do final do exercício — tudo bem. Se acordar no meio da noite, retome o percurso de onde parou ou recomece — como preferir. Prepare-se para sensações inusitadas e surpreendentes. A ocorrência de reações benéficas em cadeia em lugares não interligados do corpo não é incomum. Certa noite, quando minha mente percorria a parte de trás das minhas pernas, meu nariz de súbito desentupiu. Eu não estava consciente desse pequeno congestionamento nasal até comparar a sensação com a de total descongestionamento.

Este exercício de imaginação ativa pode ser feito a qualquer hora e em qualquer posição — em pé, sentado ou deitado — como um método para relaxar e aliviar indisposições. É uma excelente forma de se familiarizar com o seu corpo interior e de aprender de que modo a mente pode conduzir o *chi*. Para mim, esta estratégia é muito eficaz para relaxar e adormecer. Quando você estiver cansado — e for hora de dormir —, este método pode funcionar como um passe de mágica.

Embora à primeira vista possa parecer complexo, o exercício se revela muito simples depois que começamos.

Deite-se na cama e imagine três cordas que partem do topo da sua cabeça. Divida a primeira delas em duas partes simétricas, de modo que se estendam a partir do topo da cabeça e desçam lateralmente. O primeiro ponto de parada localiza-se logo acima de cada orelha (faça uma pausa e conte lentamente até 2 em cada parada). Continue descendo pelos lados do pescoço até sua junção com os ombros (parada). Prossiga até a extremidade dos ombros (parada), desça até os cotovelos (parada), punhos (parada) e vá até as pontas dos dedos (parada).

Volte para o topo da cabeça, de onde parte a segunda corda. Desça até o ponto entre as sobrancelhas (parada). A próxima parada é na ponta do nariz. Vá até o centro dos lábios (parada), prossiga para o queixo (parada) e daí para a reentrância na base do pescoço (parada). Continue descendo sem esforço, como se mentalmente estourasse bolhas de sabão e as contasse em cada parada para ganhar impulso para o movimento até a parada seguinte. Estoure com suavidade uma bolha de sabão em cada parada enquanto percorre mentalmente a linha central da frente do seu corpo até o osso púbico. Então divida a corda em duas partes simétricas e as conduza até as articulações do quadril (parada). Continue descendo. Passe pelos joelhos (parada) e tornozelos (parada) até chegar às pontas dos dedos dos pés (parada).

Volte para o topo da cabeça. A terceira corda desce pela parte de trás do corpo. Pare no centro da cabeça e depois prossiga até a nuca (parada). Agora desça suavemente até o centro das costas, parando em intervalos de cerca de 2,5 centímetros, do mesmo modo como você fez na parte frontal. Desça até o cóccix (parada) e divida a corda em duas partes simétricas, descendo e parando ao longo das pernas até chegar aos calcanhares; daí, prossiga para o centro dos pés. Demore-se um pouco mais no peito do pé. Continue até a base dos dedos, parando em cada um. Ainda monitorando os dedos, reúna na mesma imagem mental o topo da cabeça e o núcleo. O seu

corpo inteiro agora está repleto de energia *chi*. Permaneça calmo e relaxado. Respire suave e profundamente como se o ar entrasse e saísse por todos os poros.
Agora concentre o seu *chi* no núcleo. Relaxe.

36 *Minha mãe, que está com setenta anos, caiu e fraturou a bacia. Ela ficou internada no hospital por várias semanas e agora está convalescendo em casa. Devo falar-lhe sobre o* chi *ou seria melhor deixá-la apenas descansar e fazer a fisioterapia prescrita três vezes por semana?*

Para a maioria das pessoas, setenta anos ainda é uma idade ativa o bastante para conquistar o poder do *chi*. Conforme a regra geral que aprendi recentemente com um famoso fitoterapeuta chinês, o uso do *chi* não é aconselhável para pacientes com mais de 88 anos (ou acima dos noventa anos, já que o processo de envelhecimento varia de acordo com o indivíduo). O princípio básico é que, a partir de certa idade, deve-se permitir que o *chi* reflua e siga o seu próprio curso sem a interferência de estímulos externos, como, por exemplo, tonificantes à base de ervas e acupuntura. Além disso, é preciso uma determinada quantidade de *chi* pré-natal para que o corpo aceite o *chi* induzido por agentes externos. De maneira geral, o *chi* pré-natal dos muito idosos já foi gasto. Os estímulos externos nessa faixa etária podem interferir no fluxo natural — que desempenha um papel muito importante no último estágio da vida. O *chi* gerado por respiração profunda, *chi kung, tai chi*, yoga ou qualquer outra disciplina, é benéfico em qualquer faixa etária, porque é considerado natural — e não induzido por agentes externos.

Muitas pessoas acreditam que para garantir o bem-estar a melhor forma é ignorar uma doença ou fingir que não há nada errado. Eu realmente acredito que, em vez disso, a pessoa doente deve admitir a doença e participar do processo de cura, se possível. Se a dor ou indisposição for forte demais, talvez seja necessário procurar alívio nos analgésicos. Contudo, a rendição incondicional à dor e ao desconforto mina e desperdiça o poder do *chi*, que é o nosso dom natural mais precioso. Ou nos deixamos dominar pelo sofrimento físico, ou nós o dominamos — de arma em punho. Freqüentemente temos essa escolha. Manter as nossas armas em ordem é o mais sábio ato de autoconfiança e autopreservação. Para começar, respire adequadamente, do modo como respirava quando era bebê, antes de surgir o mau hábito de respirar superficialmente.

Se eu fosse sua mãe e nunca tivesse tomado conhecimento do *chi* e da possibilidade de curarmos a nós mesmos que ele nos oferece, ficaria extremamente grata se alguém me guiasse até essa nova dimensão de auto-ajuda proporcionada por essa sabedoria milenar.

37 *Passar um pouco de perfume sempre foi uma forma excelente de eu me revigorar após um longo dia. Não é só porque gosto de me sentir perfumada, mas também porque a fragrância realmente me revitaliza. Existe alguma razão concreta para isso?*

Os aromas agradáveis, sejam de comida ou de perfume, sempre nos levam a prolongar a inspiração. E nos fazem instintivamente desejar a maior e mais profunda inspiração possível para saborear esse prazer.

Sim, o perfume que você gosta de passar lhe dá vontade de inspirar mais profundamente, aumentando a quantidade de oxigênio inalado e despertando as células adormecidas.

Uma boa fragrância melhora o nosso estado de espírito, principalmente quando o ambiente ao redor parece cansativo e monótono.

Na próxima vez, para maximizar os benefícios do perfume, imagine que seu aroma vem de longe.

EXERCÍCIO DE IMAGINAÇÃO ATIVA

Perfume ao longe

Focalize a vista em alguma coisa a distância. Imagine, por exemplo, que você está sentindo a fragrância dos botões que florescem do lado de fora da janela, no jardim do vizinho ou nas árvores numa colina distante. Quanto mais longe estiver o objeto perfumado, mais profunda será a inspiração. Imagine que o aroma está sendo atraído magneticamente para a boca do seu estômago, onde ele deita raízes. Este exercício de imaginação ativa aumentará seu suprimento tanto de oxigênio quanto de *chi*.

O desenvolvimento da respiração abdominal profunda pode ajudá-la a se beneficiar mais completamente da aromaterapia, que usa aromas para aliviar o *stress* e a tensão e promover o estado de espírito desejado.

38 *Os exercícios ensinados em* A Arte de Respirar *podem substituir os exercícios físicos que pratico atualmente?*

Os exercícios deste livro não têm o propósito de substituir quaisquer outros exercícios físicos, mas sim o de proporcionar uma técnica sólida de respiração que sustente e fortaleça todas as demais atividades. Eles ensinam a extrair o máximo de cada inspiração para alicerçar todos os aspectos de uma vida saudável. Aprender a técnica básica de respiração é como aprender o alfabeto inglês ou o russo antes de aprender a falar o idioma — ou os ideogramas do chinês ou do japonês antes de aprender a escrever. Se conhecermos bem os fundamentos, ficaremos muito mais aptos para falar ou escrever um idioma. Do mesmo modo, se desenvolvermos a capacidade de respirar profundamente, estaremos muito mais bem preparados para todas as atividades da vida.

Tenho certeza de que você se lembra das inúmeras vezes em que várias pessoas o aconselharam a respirar profundamente para melhorar o seu desempenho numa atividade qualquer. Dentre essas pessoas, talvez estivesse:

- Seu instrutor de tênis
- Seu professor de ginástica
- Seu instrutor de aeróbica
- Seu treinador de esqui
- Seu parceiro de ciclismo
- Seu médico
- Seu terapeuta
- Seu fitoterapeuta
- Seu professor de canto
- O regente do seu coral
- Seu diretor de teatro
- Seu mestre de yoga
- Seu instrutor de meditação
- Seu professor de pintura
- O líder do seu grupo de escoteiros
- Sua mãe
- Seu pai

A lista não tem fim.

Qualquer uma dessas pessoas que lhe deram esse conselho alguma vez se deu ao trabalho de verificar se você o havia seguido corretamente? Naquela época, será que você ao menos sabia o que era respirar fundo? "Respirar fundo" é um remédio bom e conveniente para superar todo tipo de problema físico e emocional. Mas, tratando-se de algo tão importante quanto "respirar fundo", é mais sábio garantir que você saiba fazê-lo.

Embora os exercícios respiratórios não possam substituir a atividade física, esta necessita do suporte da respiração correta. Sem ela, você pode até machucar-se.

39 *É verdade que* A Arte de Respirar *ajuda a pessoa a centrar-se física e mentalmente?*

Com certeza! A prática da arte da respiração produz três benefícios. Você adquire:

- A capacidade de inalar bastante oxigênio para preservar a saúde.
- A capacidade de gerar, cultivar e distribuir o *chi* para lhe proporcionar energia e poder de cura.
- A oportunidade de cultivar e alimentar um ponto central (o núcleo) que lhe garanta estabilidade física e mental.

Recapitulemos os dois primeiros pontos e depois examinaremos o terceiro, que aborda a sua questão.

- *Oxigênio.* Para que se possa inalar mais ar, o diafragma deve descer na inspiração para permitir que os pulmões se alonguem, ampliando o espaço disponível para o ar. Os músculos da região inferior do abdome, da região lombar e dos flancos, que compõem a circunferência inferior, devem expandir-se para que o diafragma se desloque para baixo. A expansão da região inferior do abdome também expande a região inferior da caixa torácica, alargando a área inferior dos pulmões. Em outras palavras, se tudo for feito corretamente, a região inferior dos pulmões não só se alonga mas também se expande, abrindo mais espaço para abrigar mais ar.

- *Chi.* Os movimentos de expansão e contração da região inferior do abdome estimulam o núcleo (localizado naquele centro interno), criando uma força interior. É a força vital que controla e impulsiona uma dinâmica intrincada e precisa de expressões e movimentos físicos, além dos sons vocais. Essa força vital é a energia *chi* em que se baseiam os princípios da medicina e das artes marciais asiáticas.
- *Núcleo.* Pense no núcleo como o eixo de uma roda. Você é a roda. Todos os aros partem do eixo, que lhes dá sustentação. A respiração com o núcleo fortalece o "eixo" — o centro que o aloja. Podemos cultivar esse centro com uma constância ainda maior se nos conscientizarmos de sua existência e de seu papel vital, pois é do eixo que extraímos a energia necessária para impulsionar todas as nossas atividades físicas, e é nele que depositamos a tensão indesejável. Consulte a seção "O núcleo", na Primeira Parte, para obter informações mais detalhadas.

Para adquirir equilíbrio físico, é preciso ter a percepção de que todos os movimentos partem do núcleo e a ele estão ligados. Os seus movimentos são impulsionados, coordenados e energizados nesse centro. Quando percebe que todas as suas atividades se originam nesse centro, você se sente estável, sob controle e em equilíbrio. Veja, por exemplo, o ato de sentar-se. Você pode sentar-se com muito mais facilidade e desenvoltura se simplesmente imaginar que está colocando o seu núcleo numa cadeira. Esqueça a luta contra o peso e a flacidez do corpo. Para levantar-se, apenas imagine que está erguendo ligeiramente o núcleo. Quando você está em equilíbrio, a sua capacidade de assumir o controle total do corpo e dos movimentos é muito maior.

O núcleo deve ancorar solidamente e controlar com habilidade todas as atividades mentais. Eu usei a imagem da pipa anteriormente neste livro para demonstrar outras funções. Mas essa analogia com a pipa demonstra a eficácia de um controle remoto.

EXERCÍCIO DE IMAGINAÇÃO ATIVA

Controle remoto

Para centrar-se mentalmente, imagine que todas as suas atividades mentais são pipas cujos fios estão presos no núcleo. Você pode empinar quantas pipas quiser, contanto que o centro esteja forte o bastante para controlá-las. Deixe as pipas mais capazes voarem alto e trazerem de volta aquelas que se desviarem.

40 *As pessoas sempre se queixam da dificuldade de ouvir o que eu digo, embora eu fale o mais alto que posso. Será que eu conseguiria tornar a minha voz mais audível se melhorasse a minha respiração?*

Certamente sim! A resposta à questão 10 oferece algumas informações a esse respeito, mas permita-me acrescentar algumas explicações. Você precisa desenvolver a respiração abdominal profunda para contar com seu apoio.

Todos nascemos dotados de voz. O que não significa necessariamente que saibamos fazer bom uso dela. Comparemos a voz a um instrumento de sopro, como o trompete, a clarineta ou o saxofone, que devem ser soprados para produzir sons musicais. Sem a passagem do ar pelas cordas vocais, não pode haver som. Sem o apoio da respiração, não pode haver força na voz.

A voz é o mais complexo de todos os instrumentos — porque é um instrumento interno. Não podemos vê-lo nem tocá-lo. Produzimos sons imitando o que ouvimos. Quando uma pessoa nasce desprovida de audição, usar seu instrumento vocal com eficácia constitui um grande desafio e às vezes nem é possível.

A produção de sons depende da passagem de ar pelas cordas vocais, mas a qualidade e o volume desses sons dependem da quantidade e da intensidade do fluxo de ar. Para aumentarmos o volume da voz, devemos aprender a inspirar profundamente, fortalecendo a respiração com a energia do núcleo. Quando concentramos a voz, ampliamos sua capacidade de se projetar a distância. É como atirar uma bola de neve. Se a bola não estiver compacta, não irá longe. Para aperfeiçoar a projeção da voz, é preciso aprender a controlar bem o diafragma.

Aprender a controlar e utilizar o nosso sistema respiratório — e o núcleo — ajuda-nos a converter o ar que inalamos num jato forte, capaz de impulsionar os sons vocais até os nossos ouvintes. É digno de nota o fato de que os sons musicais suaves e *pianissimi* que os grandes cantores ou flautistas emitem chegam até as últimas fileiras de uma sala de concerto.

Enquanto o canto enfatiza as vogais, a fala enfatiza as consoantes. Se aprimorarmos a dicção, enunciando as consoantes de maneira mais clara e vívida, os outros nos ouvirão melhor. As consoantes são as flechas da fala. E nos ajudam a enviar as mensagens.

Consulte o exercício de imaginação ativa "Bala de canhão", da Lição 2, na Primeira Parte, para entender os princípios básicos da emissão de sons vocais com o apoio da respiração abdominal profunda.

41 *Sou extremamente tímido, principalmente diante de estranhos. Eu me tornei bastante introspectivo, mas na verdade gostaria de ser mais comunicativo. Tenho tanto a dizer! Eu fico preocupado porque a minha voz costuma falhar e às vezes até gaguejo um pouco. Quando as pessoas não conseguem me ouvir e me pedem para repetir, tenho vontade de cavar um buraco e desaparecer dentro dele. Será que, se eu melhorasse a minha respiração, conseguiria ser mais comunicativo?*

A sugestão "respire fundo" pareceria uma simplificação absurda do seu problema. E você talvez já a tenha ouvido inúmeras vezes. Ainda assim, a respiração superficial é a raiz da questão.

Respirar fundo só é bom quando sabemos fazê-lo corretamente. A respiração superficial não se liga ao seu centro estabilizador e faz você se sentir instável física e emocionalmente. Essa instabilidade o leva a gaguejar, o que abala a sua confiança em si mesmo. Acrescente a esses fatores a falta de apoio da respiração, que também é provocada pela respiração superficial, e sua voz se torna inaudível e hesitante. O esforço para estabilizar a voz às vezes causa a gagueira.

A resposta às inúmeras questões apresentadas nesta parte do livro o ajudará a entender a sua situação com mais clareza e lhe permitirá uma visão nítida das razões. A prática de alguns exercícios da Segunda Parte o ajudará a livrar-se do hábito de respirar superficialmente. Você alimentará e fortalecerá o seu centro, aprimorará a voz, e a sua timidez gradualmente se desvanecerá, à medida que o *chi* assumir o controle.

42 *Eu e minha esposa estamos na faixa dos setenta anos. Mais ou menos a partir do ano passado, minha esposa começou a falar cada vez menos, até praticamente parar de falar. Ela diz que mal consegue ar suficiente para sobreviver, quanto mais para falar. Nós já fomos a médicos e terapeutas, mas nada se detectou em seus pulmões e cordas vocais. Ela precisa respirar melhor. Você pode ajudá-la?*

Nunca é tarde demais para melhorar a respiração. Mudar hábitos é algo muito difícil, mas é possível promover muitas transformações em qualquer idade. O melhor ponto de partida é compreender de que forma as mudanças podem ajudar.

A sua esposa tem utilizado apenas a região superior dos pulmões há muitos anos. Sem se dar conta, inúmeras pessoas acabam respirando desse modo. E, porque a sobrecarregam, desgastam e exaurem a região superior dos pulmões.

Imagine usar apenas um dos braços. O braço ocioso se tornaria fraco e inútil, não é verdade? À medida que envelhecemos, os músculos dos pulmões, como qualquer outro músculo, perdem um pouco de sua elasticidade e resistência. Até o momento em que mesmo a forma costumeira e incorreta de respirar se degenera. A região superior dos pulmões está fatigada pelo esforço exagerado durante anos a fio, e a região inferior, negligenciada, atrofiou. O diafragma, que jamais teve o uso adequado, não reage. É por isso que muitas pessoas idosas sofrem de problemas respiratórios, que também afetam a voz e a fala.

Na respiração correta, a maior parte do trabalho é feita pelo diafragma, com o apoio dos músculos abdominais. Já as pessoas que respiram superficialmente fazem o diafragma subir — em vez de descer — porque contraem o abdome na inspiração, invertendo sua função natural.

Antes de mais nada, sua esposa deve tornar a familiarizar-se com os reflexos dos músculos envolvidos na respiração. Eis um bom exercício para começar.

EXERCÍCIO ESPECÍFICO: QUESTÃO 42

A fala e o envelhecimento

1. Coloque as palmas das mãos na região inferior do abdome e massageie-a suavemente, mas com firmeza, trazendo a circulação e a sensibilidade de volta para essa área.

2. Inspire pequenos jatos de ar pela boca, expandindo o abdome. Expire também em pequenos jatos, contraindo o abdome. Com esse procedimento, você faz os músculos do diafragma descerem e subirem, aliviando a tensão no abdome e reativando sua sensibilidade.

Depois desse novo despertar dos músculos cruciais para a respiração, que estavam adormecidos, a sua esposa estará mais preparada para iniciar os exercícios da Lição 1 deste livro. À medida que ela progredir, os exercícios 2B, da Lição 2, e 4C, da Lição 4, a ajudarão a restabelecer a ligação entre a respiração e as importantes e explosivas consoantes da fala. O que a levará a respirar mais adequadamente e a falar com o apoio da respiração.

E, já que mencionei a palavra "apoio", o fato de você formular essa pergunta indica que se preocupa muito com o problema de sua esposa. Assim sendo, dê-lhe todo o apoio e o estímulo necessários para atingir a meta que vocês dois partilham: que ela consiga em breve falar com clareza e alegria.

43 *Recentemente ouvi a minha voz gravada numa fita e fiquei surpreso ao constatar que podia ouvir todas as vezes que eu inspirei. Esses arquejos eram realmente incômodos, embora eu jamais os tivesse percebido. Será que os exercícios de* A Arte de Respirar *podem ajudar-me a inspirar de modo mais silencioso?*

Sim. O desenvolvimento da respiração abdominal profunda lhe permite respirar sem contrair a garganta, as narinas e outras passagens de ar — o que força o ar a se comprimir em vez de fluir livremente. Neste exato instante, para compensar parcialmente a sua falta de apoio respiratório, você está contraindo — e, desse modo, estreitando — a garganta e as narinas. Quando você procede desse modo, a sua inspiração fica difícil e ruidosa.

A inspiração depende em grande medida do modo como se expira. Quando você aprende a expirar profundamente, fica apto a inspirar profunda e facilmente. Imagine que expirar por completo é como apertar uma bola de borracha (o abdome): quanto mais você a apertar, mais depressa a bola voltará à forma original.

Assim como a expiração e a inspiração, a fala e a respiração também são interdependentes. Enquanto você está falando, a fala substitui a expiração. Se você não inspirar profundamente, a frase seguinte não sairá bem. E, se a sua voz desaparecer no final da frase, a inspiração seguinte será superficial e ofegante. Experimente. Você também pode tentar "quebrar" a frase, respirando entre cada palavra. Em pouco tempo você estará arquejando.

Um bom locutor, assim como um bom cantor, deve aprender a respirar corretamente. Isso requer prática. Com o tempo, você descobrirá que a respiração profunda fortalece os músculos do abdome. O diafragma bem desenvolvido favorece o controle da respiração que lhe falta agora. Uma vez que você tenha esse controle, poderá administrar a inspiração com facilidade. A sua garganta e as vias nasais permanecerão relaxadas durante a inspiração, permitindo que o ar flua de modo rápido — e silencioso.

Os exercícios da Segunda Parte deste livro serão particularmente interessantes para você e para todos os que enfrentam esse problema. Sua prática lhe permitirá eliminar o ruído da inspiração.

Para uma consulta mais rápida, veja a resposta à questão 26, que aborda aspectos que podem ajudá-lo a respirar mais silenciosamente.

44 *Há pouco tempo comecei a aprender danças de salão. Meu instrutor vive me dizendo que eu tenho má postura e me dá sugestões para melhorá-la. Mas quando tento manter a cabeça erguida, inclino as costas. E quando endireito as costas, não consigo respirar com naturalidade. Parece que a minha postura está afetando a minha respiração. Isso é possível?*

Sim, postura e respiração interferem muito uma na outra. Uma postura correta e relaxada implica um canal mais livre, por onde o ar pode fluir mais profundamente. Quando puder inspirar até a região inferior do abdome, você terá mais energia e um melhor senso de equilíbrio, o que o levará a ter naturalmente uma postura melhor. Quando nos apoiamos de maneira inadequada numa região ou outra do corpo, oscilando entre ambas, a conseqüência é esse seu problema de postura. Já que a influência da postura sobre a respiração talvez seja mais óbvia para você, trabalharemos primeiro essa questão. Pratique o exercício seguinte para corrigir a postura gradualmente.

EXERCÍCIO ESPECÍFICO: QUESTÃO 44

A postura

1. Fique em pé diante de um espelho grande, de preferência que vá até o chão. Observe a sua imagem.
2. Vire três vezes a cabeça da esquerda para a direita e da direita para a esquerda o máximo que conseguir. Termine com a cabeça voltada para a frente.
3. Coloque as palmas das mãos na região inferior do abdome e monitore a respiração. Contraia o abdome ao expirar e infle-o ao inspirar. Respire fundo três vezes. Volte à respiração normal, com as mãos pendendo ao lado do corpo.
4. Sem se esforçar, erga um ombro de cada vez o mais alto possível, enquanto abaixa o outro. Repita dez vezes esse movimento. Quando terminar, pare e descanse, com os ombros na posição normal.
5. Torne a colocar as palmas das mãos na região inferior do abdome para monitorar a respiração, como na etapa 3.
6. Sem se esforçar, mova os quadris para um lado o máximo possível, enquanto flexiona ligeiramente o joelho do lado oposto. Inverta o movimento. Balance dez vezes os quadris da forma descrita — cinco para a direita e cinco para a esquerda. Ao mesmo tempo, sem se esforçar, balance os braços ao lado do corpo.
7. Torne a colocar as palmas das mãos no abdome e monitore a respiração como na etapa 3.
8. Imagine que o cóccix tem uma longa extensão, como uma cauda. Com as palmas das mãos encostada na região inferior do abdome, monitore o corpo enquanto ergue o osso púbico e, desse modo, do-

bra a cauda imaginária que está embaixo. Mova dez vezes essa cauda para cima e para baixo, como se fosse um chicote, conforme você ergue e abaixa o osso púbico. Descanse por um momento.

9. Torne a colocar as palmas das mãos no abdome e monitore a respiração.

10. Ande em torno da sala e continue a respirar profundamente enquanto movimenta a cauda de maneira graciosa para cima e para baixo, da esquerda para a direita, sempre flexionando o joelho oposto. Com a cabeça ereta, cantarole uma música e dance dando passos que acionem todas as suas articulações. Chega de má postura!

A prática de alguns dos exercícios de respiração da Segunda Parte, principalmente o que trata da postura, o ajudará a melhorar ainda mais. Consulte o exercício de imaginação ativa "Fio de contas", na Segunda Parte deste livro.

45 *O regente do nosso coral sempre nos pede para fazer inspirações grandes. Isso é a mesma coisa que fazer respiração profunda?*

Inspirações *grandes* e *pequenas* são termos que explicam a si mesmos. Contudo, uma inspiração grande não implica necessariamente um grande suprimento de ar, a menos que este seja profundamente inspirado. A *respiração profunda* pressupõe inspirar de modo a preencher por completo os pulmões — ou seja, tanto a região superior quanto a inferior. Na *respiração superficial*, o ar inspirado preenche apenas a região superior dos pulmões, deixando a inferior ociosa — o que restringe o potencial desses órgãos. Grande ou pequena, a inspiração superficial é limitada. Já a inspiração profunda, grande ou pequena, é valiosa. Todos os tipos de inspiração profunda são eficazes, dependendo do momento. As grandes inspirações profundas são perfeitas para atividades extenuantes como corrida e exercícios físicos em geral. As pequenas são adequadas para descansar ou dormir. As modalidades de inspiração profunda variam conforme a atividade, sob a coordenação do instinto. Quando se trata de respiração, a profundidade constitui o fator básico.

Para iniciar uma inspiração profunda, você deve expandir o abdome para abaixar os músculos do diafragma. É por isso que também se usam os termos *respiração abdominal profunda* e *respiração diafragmática profunda.*

Consulte o exercício de imaginação ativa "Sanfona", na Primeira Parte, que o ajudará a visualizar a ligação entre os pulmões, o abdome e o diafragma.

46 *Sou cantora e planejo seguir carreira como solista. Eu sei, e também me disseram, que tenho uma bela voz. Contudo, o nervosismo prejudica a minha voz sempre que subo num palco, o que me desanima bastante. Será que aprender a arte de respirar poderia ajudar-me a vencer o medo do palco?*

Um certo grau de nervosismo ou ansiedade é útil para um bom desempenho — porque libera adrenalina, ajuda o artista a se concentrar e lhe dá disposição física e mental. Contudo, o nervosismo excessivo pode ser um grande obstáculo. Há vários outros fatores que são essenciais para o sucesso de um cantor. A análise a seguir talvez lhe dê uma pista sobre a causa do seu medo do palco.

Os cantores devem ter pleno controle de seu instrumento vocal. E uma técnica sólida de respiração constitui a base vital desse controle. Como cantora, você não precisa que eu lhe diga isso. Sem dúvida já se deu conta de tudo o que o canto envolve: respiração, extensão, colocação, foco, volume, brilho, agilidade, emissão de consoantes e de vogais, fraseado e muito mais. Ainda assim, creio que posso ajudá-la a distinguir entre uma técnica de respiração sólida e uma não tão sólida. Sem uma técnica sólida, os cantores não conseguem atingir seus objetivos. Uma técnica sólida de respiração enfatiza o suporte e é cuidadosa em relação à força. Uma respiração que se pode controlar e usar como apoio é muito superior àquela que empurra ou força o volume da voz. A respiração dos cantores pode acariciar ou atormentar sua voz — e determinar se a voz se manterá pelo tempo devido ou não. Uma boa técnica vocal e respiratória lhe dá mais confiança e reduz o nervosismo.

Os cantores devem considerar que há muito mais na respiração do que apenas o ar inalado. O dom mágico de impregnar o ar de *chi* tem sido demonstrado pelos grandes cantores e por outros artistas há séculos. Surpreendentemente, a cultura ocidental não deu nome a essa magia. As culturas asiáticas empregam esse vibrante elemento interior — o *chi* ou *ki* ou *prana* — na energização pessoal e na cura. O cantor que tiver o talento de gerar e fortalecer o *chi* por meio da respiração abdominal profunda tem uma probabilidade muito maior de sucesso. Sem o *chi*, o apoio da respiração ou a técnica vocal sofrem limitações. São muitos os cantores que recorrem ao *chi* para conferir beleza à sua arte. Ainda assim, eles não reconhecem a existência de seu benfeitor nem lhe atribuem um nome. O uso consciente — em vez de inconsciente — dessa magia ampliaria sua eficácia. O cultivo do *chi* em abundância reduz a tensão e o nervosismo.

Façamos um resumo dessa argumentação. Sem o *chi*, o apoio da respiração é limitado. Sem um bom apoio da respiração, não é possível controlar inteiramente o instrumento vocal. Sem confiança no próprio controle sobre o instrumento vocal, o cantor se sente inseguro e tem bons motivos para ficar nervoso.

Os cantores precisam aprender *inteiramente* a música a ser executada. Não há nada mais assustador do que esquecer uma música no meio do concerto. Estude a peça até ser capaz de seguir adiante a partir de qualquer compasso. Tenha a primeira palavra de cada frase ou verso bem firme na memória. Em geral as melodias fluem ligeiras, mas, quando você tropeça numa palavra, a estrutura melódica e rítmica se perde. Um pianista experiente pode salvá-lo se você se perder, mas, se o acompanhamento for feito por orquestra, uau! Não conhecer a música o suficiente pode agravar — e muito — o medo do palco. Um dos piores pesadelos de um cantor é a memória falhar em pleno concerto.

Algumas pessoas têm uma predisposição maior para o medo do palco do que outras — não necessariamente em decorrência apenas dos aspectos que analisamos. A experiência pouco a pouco a fará desenvolver estratégias pessoais para se preparar para os concertos. Enquanto isso, você perceberá que os exercícios e formas de aplicação que sugiro neste livro a ajudarão a adquirir um controle maior sobre a sua respiração, sobre o *chi*, sua presença no palco e sua confiança em si mesma. Essa capacidade constituirá um fator decisivo quando você subir num palco.

47 *Eu costumava tocar na banda da universidade, apesar de ser aluno do curso de ciências humanas. Tocar trompete me dava muito prazer, mas tive de parar por causa dos deveres acadêmicos e, mais tarde, das exigências da minha carreira. Agora que a minha vida profissional e a familiar estão bem encaminhadas, voltei a tocar trompete. Estou tendo aulas, mas por algum motivo a minha respiração não está atendendo às necessidades. Será que preciso fazer exercícios respiratórios ou os exercícios de técnica do trompete atingem os mesmos resultados?*

Por que escolher o caminho mais longo e tedioso quando existe outro muito mais direto? Você já identificou com muita sabedoria a causa da sua dificuldade para tocar bem. Resolva o problema com igual sabedoria. Faça os exercícios de respiração apropriados.

Como você provavelmente já sabe, tocar trompete não é uma simples questão de forçar o ar a sair pelo instrumento. São necessárias técnicas intrincadas, das quais a mais essencial é a de controle da respiração. Como ocorre quando cantamos ou tocamos qualquer outro instrumento de sopro, precisamos não só inalar uma grande quantidade de ar, mas também administrá-lo e controlá-lo. Caso contrário, a execução da música ficará comprometida.

Sou muito grata a um dos meus leitores, um trompetista profissional, que me escreveu contando que a prática dos exercícios deste livro o ajudou a executar sons mais cheios e com maior volume, além de ampliar a extensão e aprimorar a dinâmica — e tudo isso com menos esforço. Que excelente notícia!

48 *Uma boa gargalhada sempre me faz sentir melhor física e mentalmente. A vida, porém, não é cheia de boas gargalhadas. Existem outros meios para prolongar essa sensação agradável? Há algum modo de respirar que produza o mesmo efeito?*

Eu adoro essa pergunta! Ela me traz lembranças dos meus ensaios para a encenação de *O Telefone*, opereta cômica em um ato de Gian Carlo Menotti. Lucy e Ben são os dois únicos personagens. Lucy, a heroína estouvada, fala (canta) pelos cotovelos melodias muito bonitas, pontuadas por risadas estridentes, em sucessivos diálogos pelo telefone. Ben quer pedir a mão de Lucy pessoalmente, mas seu desejo é frustrado pelo soar incessante do telefone. Por fim, ele resolve fazer o pedido por telefone. Para mim, foi muito divertido aprender a soltar uma súbita gargalhada histérica ou uma pequena risada entre as frases de uma música. Estou certa de que todos no teatro riram muito durante os meus ensaios.

Sim, o riso é uma expiração completa que provoca uma instantânea, profunda e completa inspiração. E é um modo maravilhoso de respirar profundamente. Você se eleva com esse júbilo. Quando uma coisa é engraçada, não há como evitar o riso, que é o modo de a natureza nos fazer liberar uma emoção forte. Contudo, também é adequado colocar o carro na frente dos bois — isto é, usar a respiração abdominal para impulsionar o riso, desde a pequena risada até a sonora gargalhada.

EXERCÍCIO DE IMAGINAÇÃO ATIVA

Ponto da alegria

Concentre-se num ponto localizado de 2,5 a cinco centímetros acima do osso púbico. Eu o chamo de ponto da alegria. Contraia e solte esse músculo algumas vezes e libere com vigor alguns jatos de ar, sorrindo e pensando em coisas alegres. Mentalmente, ainda concentrado no ponto da alegria, busque dentro de si e solte algumas risadas ligeiras e depois ria alto. Imagine que o ponto da alegria está pulsando. O seu riso decolará como uma pipa — mas não se esqueça de prender com firmeza o fio no núcleo. O riso é algo contagiante. Quando rimos, fazemos as pessoas ao nosso redor rirem também.

Rir, cantar e suspirar são formas eficazes de nos exercitarmos em termos emocionais e físicos. Respire profundamente e mantenha-se centrado e bem apoiado para evitar qualquer possível "queda" emocional e física depois de rir.

Rir é o melhor remédio para qualquer doença. Ria, e o mundo rirá com você!

49 *Há dias em que minha mente tende a ficar dispersa e entorpecida. Nesses dias, quando tenho de enfrentar uma reunião ou uma entrevista importante, gostaria que houvesse uma fórmula que desentorpecesse com rapidez a minha mente e o meu corpo. Existe algum exercício assim?*

Você se refere àqueles dias em que dorme pouco e trabalha muito? Ou àqueles dias em que você precisaria estar na melhor forma, mas não se sente bem-disposto?

Eu proponho um exercício que desperta em poucos minutos o corpo e a mente e até deixa os olhos brilhando, desde que você não tenha sobrecarregado demais a sua capacidade física e mental nem a sua saúde. Em outras palavras, é um exercício para pessoas que se cuidam bem, mas mesmo assim precisam de algo que as estimule. Esta estratégia só terá eficácia se você já souber fazer respiração abdominal.

Você pode executar este exercício como uma rotina matinal, antes do café da manhã, se quiser. Ele deve mantê-lo desperto por várias horas, por isso não o pratique antes de se deitar.

EXERCÍCIO ESPECÍFICO: QUESTÃO 49

Uma estratégia para animar-se

1. Fique em pé, mantendo entre os pés uma distância alguns centímetros maior do que a extensão dos ombros, com os dedos ligeiramente para fora.
2. Deixe os braços penderem soltos ao lado do corpo. Inspire profundamente pelo nariz e expire completamente pela boca.
3. Inspire profundamente de novo, depois expire devagar, arqueando o corpo e curvando-se para baixo o máximo que conseguir sem esforço, num ângulo não muito maior do que noventa graus.
4. Continuando a expirar, coloque as mãos nos joelhos e abra os cotovelos como se fossem asas. Continue expirando devagar.
5. Erga o tronco gradualmente até a posição original e coloque as mãos na cintura. Expire todo o ar.
6. Inspire lenta e profundamente, expandindo o abdome.
7. Flexione os joelhos e dobre o tronco para baixo, quase como se você fosse uma sela sobre um cavalo (como ilustrado na Figura 62, só que com as mãos na cintura). Inspire uma porção adicional de ar ao curvar o corpo para a frente. Segure a respiração, endireite os joelhos e volte à posição original.

8. Abaixe-se e inspire uma porção adicional de ar até o fundo dos pulmões. Prenda a respiração e endireite os joelhos ao voltar à posição original. Abaixe-se ao inspirar; prenda a respiração ao levantar-se.

9. Repita várias vezes a etapa 7, até sentir que a região inferior dos pulmões está completamente alongada e preenchida com o máximo de ar. Observação: as etapas de 5 a 8 podem parecer complicadas no papel, mas sua execução demora apenas alguns segundos.

10. Levante o tronco e expire completamente a partir do núcleo enquanto abaixa as mãos relaxadas e as deixa pender ao lado do corpo. Preste atenção à sensação provocada pelo ar expirado (*chi*) ao chegar ao topo da cabeça, transbordar pelos olhos abertos que fitam ao longe e se espalhar pelo corpo inteiro, alcançando os dedos dos pés e das mãos.

11. Inspire profunda e completamente por alguns segundos para monitorar as pulsações calmantes que estão dissipando o entorpecimento e abrindo a sua mente. *Inspirar profunda e completamente* é imprescindível. Mesmo ao expirar, o ar deve permanecer ancorado na boca do estômago.

12. Repita mais uma ou duas vezes as onze etapas anteriores, mas não mais do que isso. Seja um bom juiz da sua própria resistência. Espere até a sessão seguinte para repetir mais vezes. Não faça mais do que duas sessões por dia.

50 *Nancy Zi, você, que é a autora do livro, pratica com regularidade os exercícios de* A Arte de Respirar*? É preciso praticar esses exercícios como rotina a longo prazo?*

Aprender a arte de respirar é como aprender a andar de bicicleta. Depois que se aprende, nunca mais se esquece. Contudo, apenas a prática *perfeita* conduz à perfeição. Depois que você "pegar o jeito", aplique a respiração profunda em todas as suas atividades. Consulte os exercícios deste livro periodicamente para certificar-se de que os está executando do modo correto e continue a se aprimorar. Para mim, depois de um certo tempo a respiração abdominal profunda se tornou um segundo instinto. Não importa o que eu esteja fazendo —

praticando ginástica, caminhando, dirigindo, trabalhando e até relaxando, a respiração profunda está sempre presente. Se eu quisesse respirar superficialmente, teria de me esforçar muito.

A seção "Reflexões sobre a Lição 6", na Segunda Parte deste livro, oferece sugestões para manter o que você aprendeu sem precisar se exercitar repetitivamente por um longo período. Você pode diversificar ou estruturar a sua própria rotina individual — para que seja agradável cumpri-la e para partilhá-la, ensinando aos outros o que você descobriu em sua trajetória. A criatividade não tem limite, depois que dominamos as técnicas fundamentais.

Epílogo

Ao progredir no meu estudo das disciplinas internas e externas, eu me conscientizei de que o meu corpo consiste de duas formas: a forma *vital* e a forma concreta. Acredito que alguns dos meus leitores, principalmente aqueles que atingiram um nível elevado em termos de disciplina física e mental, tiveram essa mesma percepção. Mas o que é a minha forma vital? O que é a minha forma concreta? De que modo se combinam e como atuam separadamente? Qual a relação entre o equilíbrio *yin/yang* da forma vital e as características de gênero da forma concreta?

Envelhecer tem sido um processo fascinante para mim. Cada dia me permite avançar mais um passo em direção a algo novo. Como a mágica flor-de-lótus, cada dia sou agraciada com mais uma pétala. Eu desabrocho um pouco todos os dias e descubro novos raios de luz.

Trabalho diligentemente para minimizar, ou ao menos retardar, o envelhecimento do meu corpo físico: criei programas personalizados de exercícios, adoto uma alimentação saudável e evito atividades nocivas à saúde e a indulgência excessiva. Acima de tudo, o hábito de praticar a respiração abdominal profunda — essa que você acabou de aprender com o trabalho da Segunda Parte deste livro — estimula o meu corpo a evitar alguns processos geralmente negativos do envelhecimento.

Eu me delicio decifrando e monitorando o que acontece interna e externamente em meu corpo. Nunca acho que já aprendi o bastante sobre alimentar e curar este templo terreno da minha alma. Devo assumir a responsabilidade por sua manutenção e mesmo por seu aprimoramento, sempre que houver a possibilidade. Qualquer negligência com relação a esse dever sagrado de alimentar e cuidar do meu corpo seria motivo de grande arrependimento. Cada cultura — do Norte, do Sul, do Oriente e do Ocidente — oferece algum tipo de sabedoria que pode me beneficiar. Até aqui, a vida me deu oportunidades que me conduziram principalmente para os princípios orientais e ocidentais. Nasci nos Estados Unidos, filha de pais chineses que vieram para os EUA como estudantes. Meu pai cursou a Princeton University e depois o Hartford Seminary e voltou para a China depois do doutorado. Eles pertenceram à primeira geração de chineses a enfrentar as grandes diferenças entre as culturas oriental e ocidental.

Bebê de dois meses numa longa viagem de navio para a China, eu comecei a definhar. Minha mãe, com enjôos do mar, não podia amamentar-me, e não havia mamadeiras a bordo. A partir daí, eu tive sarampo, coqueluche e outras doenças infantis. Minha infância foi marcada pelos vários medicamentos e pelo óleo de fígado de bacalhau que tive de tomar. Embora eu fosse ainda muito jovem, meus recursos instintivos e minha criatividade me ajudaram a imaginar dois recipientes no meu estômago: um para aqueles horríveis bules de chá de ervas, óleo de fígado de bacalhau e pílulas, e o outro para a comida deliciosa, principalmente a da casa da minha avó. Superei a autocomiseração e tive uma infância feliz.

Meus avós paternos estavam entre os primeiros cristãos da China, mas minha avó materna foi uma devotada budista a vida inteira. Os missionários e a medicina ocidental caminharam de mãos dadas em seu trabalho pioneiro, de modo que os primeiros chineses cristãos aceitaram o Deus cristão e o médico ocidental no mesmo pacote. Naqueles dias, ser um bom cristão significava abrir mão da prática da medicina fitoterápica tradicional, que, junto com outras atividades, era considerada "superstição". Eu era freqüentemente empurrada de um extremo a outro das duas culturas. Quando os problemas de saúde surgiam, eu era tratada tanto por médicos ocidentais como por fitoterapeutas chineses, tomando ao mesmo tempo pílulas e bules daqueles horríveis chás amargos. Cada um desses tratamentos era feito discretamente, para que a outra avó — e até amigos e parentes fiéis a ela — não soubesse. Felizmente, minha mãe sempre teve uma mente aberta, intuição e conhecimento para equilibrar os benefícios dos dois conceitos de medicina — o que me poupou de superdoses que poderiam ter me matado.

Para mim, as disciplinas antigas, principalmente as práticas tradicionais de cura, funcionavam muito bem em conjunto com as mais modernas vitaminas, drogas e outras abordagens científicas, desde que combinadas com sabedoria. Não vejo necessidade de optar entre elas.

A medicina ocidental, com seu avanço rápido em exames e instrumentos científicos, tem sido a autoridade dominante no tratamento das necessidades físicas humanas na sociedade ocidental — e além. Ela parece ter conquistado os direitos sobre cada pedaço do corpo humano, não deixando muito espaço para os benefícios das terapias de outras culturas.

Os praticantes da medicina oriental não precisam sentir-se ameaçados de vê-la suplantada ou substituída pela medicina científica ocidental, nem vice-versa. Na minha opinião, a medicina ocidental está mais capacitada para cuidar da minha forma concreta, enquanto as disciplinas de cura orientais têm mais condições de cuidar da minha forma vital. Por que deveria haver qualquer conflito? Minha sólida forma concreta se beneficia naturalmente com a abordagem sólida, concreta e científica que se baseia em fatos cientificamente comprovados. O corpo vital, a forma mais abstrata, embora igualmente dinâmica, se beneficia da sutileza dos métodos de cura orientais.

Na idade madura de cinqüenta anos, eu me conscientizei de que a vida inteira eu tentara ocidentalizar-me, apesar de ter vivido tantos anos no Oriente. Eu negara a mim mesma a minha herança cultural. Então decidi adotar algo muito chinês: a disciplina do *chi kung*. A antiga prática chinesa do *chi kung*, por meio da coordenação entre a respiração profunda e movimentos e meditação apropriados, busca gerar e canalizar a nossa energia interior *chi* para o poder e a cura pessoais.

Ao trabalhar com essa prática tradicional, pouco a pouco comecei a sentir que meu corpo resultava da união das duas formas: a concreta e a vital. Posso mudar o foco da atenção de uma para a outra como se mudasse de canal na TV. Minha forma concreta é essa que todos podem ver, que os aparelhos de raios X e de ressonância magnética podem registrar, essa que é feita de carne e osso. Minha forma vital é a que eu sinto e vejo com os olhos da mente como uma forma indistinta, cálida, dotada das cores do arco-íris, absorvida e interposta pela minha forma concreta. É quase como se eu fosse uma estátua finamente cinzelada a flutuar numa nuvem. Minha forma vital não é revestida de pele nem tem limites, mas pode encolher-se e expandir-se. Quando não estou saudável, sua consistência se altera, podendo adelgar-se ou encher-se de nódulos ou rugas. Pode até desintegrar-se ou se desligar da forma concreta. Essa forma vital é meu domínio pessoal, e apenas aqueles que se dão a esse trabalho conseguem perceber a sua existência. Com ou sem ajuda qualificada, sou eu que devo cuidar da minha forma vital. Meu corpo concreto se alimenta de oxigênio, e minha forma vital, de *chi*. Eu compararia a aparência da minha forma vital ao personagem de desenho animado Gasparzinho, O Fantasminha Camarada — com a diferença de que, sendo forma vital, é mais transparente, iridescente e fugidia.

Agora que me encaminho para a segunda metade da casa dos sessenta anos, minha forma vital está cada vez mais visível. No espelho, quando me concentro, posso vê-la quando ultrapassa os limites da forma concreta. Incrivelmente animador! Minha forma vital deve estar desabrochando gradualmente, e agora meus olhos nus têm sido iluminados com esse florescimento.

Esse conceito de corpo composto por duas formas tem me ajudado a entender o meu próprio funcionamento como um ser total. Quando eu era mais jovem e vivia ocupada com a minha carreira de cantora, não tinha sabedoria para observar além do aspecto físico. Eu estava obcecada pela minha forma concreta, como acredito que seja o caso da maioria das pessoas. Minha mente era tão absorvida pelas sensações da forma concreta que eu não prestava atenção a qualquer sensação da forma vital. A forma concreta eclipsava a vital. Agora que permito que meus olhos interiores me perscrutem, percebo e sinto a onipotência da forma vital.

Não terei de desistir da luta se eventualmente meu médico diagnosticar alguma doença incurável ou me afiançar que meus sintomas não têm causa. Disponho de outra opção. Eu examinarei a minha forma vital e muito provavelmente encontrarei a cura aí.

Minhas duas formas se entrelaçam, gravitam uma em torno da outra e até se complementam. São interdependentes no que diz respeito à sobrevivência e à nutrição. Essa parceria cria para mim uma dimensão múltipla, que é físico-mental-emocional.

O chi e a forma vital

A aplicação das técnicas oferecidas em *A Arte de Respirar* não só aumenta o suprimento de oxigênio e cultiva a energia *chi*, mas também nutre o núcleo que dá suporte à estabilidade física e mental.

Embora o *chi* seja o elemento sobre o qual os princípios terapêuticos orientais foram desenvolvidos ao longo de milhares de anos, a ciência médica ocidental jamais buscou conhecimentos sobre esse tipo sutil de energia. Será que o *chi* reside principalmente na forma vital do indivíduo?

Há cerca de quinze anos, quando eu morava em Hong Kong, recebi a visita de minha amiga Elaine e de seu marido, Sam. Quando contávamos uns aos outros as nossas atividades recentes, Sam me revelou sua vivência com a meditação transcendental. Suas experiências fora do corpo me fascinaram. Pouco depois, certa tarde, quando eu repousava me preparando para cantar o papel principal de *Don Pasquale* naquela noite, aconteceu. Eu queria tirar um cochilo rápido e resolvi experimentar o método de relaxamento de Sam. De repente, eu estava lá no alto, olhando para o meu corpo deitado na cama. Despreparada, entrei em pânico, sacudi as pernas e voltei para o corpo. Jamais tentei fazer isso novamente.

Há pouco tempo, sem a minha participação intencional, esse fenômeno ressurgiu em outra dimensão. Por que não? Tenho muitos aspectos que ainda desconheço. Há tantas coisas para descobrir. Eu estava contemplando o espelho, executando meus exercícios noturnos habituais, quando vi uma aura se estendendo para além de mim, emoldurando-me com uma pálida cor amarelada/rosada com mais de 2,5 centímetros de largura. Aos poucos ela se alargou e ficou mais pálida até se desvanecer. Durante esse breve instante, senti-me completamente extasiada e cheia de entusiasmo.

Às vezes comparo meu corpo físico a um suéter tricotado com dois fios de cores diferentes. Digamos que o fio rosa represente a forma vital e o fio verde represente a forma concreta. Quando há falhas na trama do fio verde, a causa pode não estar no fio verde. É possível que o fio rosa esteja repuxado e assim tenha provocado um defeito na trama do outro fio. Nesse caso, de nada adiantará mexer no fio verde para consertar sua trama. Terei de mexer no fio rosa. Em outras palavras, nem sempre uma dor de cabeça indica um problema na cabeça (ou no corpo concreto). Talvez o exame do fluxo de energia *chi* no corpo vital possa curar a dor na cabeça ou na nuca ou até mesmo no estômago.

Quando exercitamos os músculos da forma concreta, nós os fortalecemos e desenvolvemos força física. Quando exercitamos o corpo vital, desenvolvemos força e vitalidade interiores e cultivamos traços de personalidade como empatia, paciência, compreensão, sensibilidade, intuição, amor e muitos outros pontos fortes e qualidades sutis.

A respiração adequada preenche o corpo concreto de oxigênio e infunde energia *chi* na forma vital.

Minha forma concreta é voltada para a terra, mas a vital se irradia para fora, interagindo com a atmosfera. A forma concreta é voltada para o sexo, e a vital, para o amor.

A complementaridade e interação das duas formas constituem o nosso ser físico. A forma concreta depende de oxigênio e nutrição, e a vital depende principalmente do suprimento, condições e fluxo do *chi*. O bem-estar de ambas depende em grande parte do modo como respiramos.

Os exercícios ou disciplinas físicos também fortalecem as duas formas. A minha experiência demonstrou que os movimentos circulares tendem a fortalecer a forma vital, enquanto os angulares ou retos fortalecem a concreta.

A música, bem como as seqüências de sons ritmados, afeta de várias maneiras o bem-estar das duas formas. Aquela que estimula a forma concreta pode agitar a vital. Eu consigo identificar quando, como e quais sons são mais adequados e benéficos para cada uma das minhas formas.

As duas formas e o sexo

Gosto de brincar com a hipótese de que a existência de duas formas exerce algum impacto sobre o sexo dos indivíduos. Obviamente podemos identificar o sexo feminino e o masculino da forma concreta. Suponha que a forma vital tenha variações que não nos definem necessariamente como macho ou fêmea, mas nos representam pelos traços dominantes de *yin* ou *yang*. Tradicionalmente, associa-se o *yin* aos traços considerados femininos, e o *yang*, aos considerados masculinos. Em outras palavras, a idéia básica consensual é que a fêmea corresponde ao *yin*, e o macho, ao *yang*. Contudo, nenhum corpo sobreviveria com características apenas *yin* ou apenas *yang*. Cada indivíduo resulta da combinação dos dois, sendo dotado no nascimento de seu espectro pessoal de *yin* e *yang*. A combinação yin/yang considerada equilibrada para uma pessoa pode não o ser para outra.

Permita-me prosseguir com as hipóteses que o meu conceito de dupla forma permite. Existe a possibilidade de que a forma concreta masculina possa ter como par uma forma vital predominantemente *yin*. E então, o que acontece? Como regra, o *yin* representa o princípio feminino, enquanto o *yang* representa o masculino. Portanto, a designação do sexo de uma pessoa com base apenas no aspecto de sua forma concreta não é precisa. Se levarmos em conta o *yin* e o *yang* do corpo vital para determinar o grau de inclinação sexual de um indivíduo, então certamente muito poucos de nós nesta terra poderiam proclamar-se totalmente machos ou fêmeas.

Certos segmentos de várias sociedades em toda a história da civilização, e até mesmo de algumas atuais, sempre consideraram a exibição de músculos proeminentes e força bruta como prova de masculinidade. Na verdade, essa questão dos músculos está ligada apenas à forma concreta. Como as duas formas são igualmente importantes para o ser humano, dar todo o crédito a apenas uma delas resulta em imprecisão.

Ao longo dos séculos, tanto a civilização oriental quanto a ocidental têm aprofundado a percepção e o julgamento da masculinidade. Considere a palavra *cavalheiro*. As qualidades de um cavalheiro de cultura refinada podem freqüentemente parecer efeminadas para muita gente. Os conceitos chineses tradicionais definem uma pessoa educada, culta e intelectualizada como alguém que tem músculos cerebrais invisíveis. Os trabalhadores, soldados e lutadores, sejam homens ou mulheres, têm mais músculos físicos.

Se eu aprofundasse esse conceito de forma dupla, teria de reconhecer a possibilidade de a natureza associar uma forma vital predominantemente *yin* a uma forma concreta masculina, ou vice-versa. A linha divisória entre os sexos seria muito mais tênue e flexível. O que ocorre quando uma forma concreta feminina não tem como par uma forma vital predominantemente *yin*, ou uma forma concreta masculina não é acompanhada por uma forma vital predominantemente *yang*? As características naturais da forma vital serão sufocadas pelos dogmas da sociedade, resultando numa pessoa muito infeliz — ou num rebelde marginalizado.

Os seres humanos são cheios de surpresas. Quem sabe o que o futuro nos reserva? De uma coisa, porém, eu tenho certeza: o nosso modo de respirar será sempre fundamental para a nossa sobrevivência.

A respiração e as duas formas

Como vimos, a respiração abdominal profunda fortalece o núcleo. Considero o núcleo como o ponto central onde as duas formas se unem e se entrelaçam. Sem a capacidade de praticar a respiração abdominal profunda e fortalecer o núcleo, não há como extrair benefícios do conceito de forma dupla.

É preciso que o desenvolvimento das duas formas ocorra de maneira equilibrada. O desenvolvimento excessivo ou insuficiente da forma vital mina a estabilidade e o bem-estar da forma concreta. Como habitantes deste planeta, precisamos do senso básico de concretude. Contudo, se nos deixarmos dominar por esse senso, corremos o risco da estagnação e da depressão. Em casos extremos, nós nos privaremos das faculdades que a forma vital nos propicia, o que poderá provocar uma sensação de desamparo. Dentre essas faculdades estão a vontade e a agilidade necessárias para nos movermos, para nos elevarmos, aspirarmos e alcançarmos o que está no alto ou distante, física e mentalmente, com confiança em nós mesmos. A nossa forma vital precisa desenvolver-se o suficiente para se irradiar com liberdade para além dos limites da forma concreta quando a situação assim o exigir. Desprezar e desperdiçar a essência de qualquer das formas pode deixá-lo de mãos vazias. Seja generoso consigo mesmo. Seja sábio.

O desenvolvimento exagerado de uma das formas se dá sempre em detrimento da outra. Devemos aprender a nos recuperar quando ocorrerem excessos dessa natureza. Um artista bem-sucedido precisa de carisma no palco — o que exige muito de sua forma vital. Se o seu tipo de atuação exigir grande habilidade e esforço em termos físicos, a forma concreta também se desenvolverá demais. É por isso que muitas vezes, depois de uma apresentação, os artistas se sentem abatidos, vazios e esgotados. Conheço bem essas sensações. Eu as vivenciei ao longo da minha carreira. Muitas pessoas — não só os artistas que trabalham no palco, mas também empresários, advogados, médicos e educadores, enfim, todos aqueles que dão tudo de si para desempenhar bem a sua profissão — sofrem essa sensação de exaustão e esvaziamento. Muitos artistas recorrem ao álcool ou às drogas ou a outro meio qualquer com o propósito de se entorpecer. Para enfrentar esse problema, os sábios praticam exercícios físicos, meditação e relaxamento, para induzir a respiração profunda e fortalecer o núcleo. Eles conseguem recarregar as energias de ambas as formas de modo constante e divertido. Os métodos de entorpecimento funcionam como um conserto malfeito — e a cada vez agravam um pouco a situação, até por fim aniquilar o artista.

A ampliação ou redução mental de qualquer uma das formas pode ser benéfica ou não, dependendo do equilíbrio das duas formas e das necessidades do indivíduo naquele momento. O tamanho dessas formas não é o que você vê no espelho, mas sim o que a sua mente e as suas emoções percebem em circunstâncias específicas. Quando a forma concreta se sente diminuída ou encolhida, a energia da forma vital pode ser usada, irradiando-se para ajudar na recuperação da forma concreta.

Os limites da pele que reveste a forma concreta devem ser sempre porosos — e jamais selados como se estivessem encerrados numa luva de borracha. De maneira geral, a tensão fecha os nossos poros e impede que a forma vital se estenda para fora. Quando há energias negativas dentro da forma concreta, é preciso liberá-las — o que não será possível se elas estiveram trancadas em seu interior. Esses "poros" relaxarão e se ventilarão deliberadamente sempre que necessário. Recorra à respiração profunda e busque apoio no núcleo.

Você deve inspirar até o núcleo e expirar a partir dele para conseguir equilibrar as formas concreta e vital — o que o estabilizará, fazendo de você um ser vibrante e saudável. A arte de respirar lhe proporcionará esse equilíbrio.